上下文信息支持的位置推荐方法

张志然 ◎ 著

U0264385

中国石化出版社

·北京·

图书在版编目（CIP）数据

上下文信息支持的位置推荐方法 / 张志然著 .
-- 北京 : 中国石化出版社 , 2023.10

ISBN 978-7-5114-7273-1

Ⅰ.①上… Ⅱ.①张… Ⅲ.①计算机算法—研究Ⅳ.① TP301.6

中国国家版本馆 CIP 数据核字（2023）第 187338 号

中国石化出版社出版发行

地址:北京市东城区安定门外大街 58 号
邮编:100011　电话: (010)57512500
发行部电话: (010)57512575
http:// www. sinopec-press. com
E-mail : press@sinopec.com
北京捷迅佳彩印刷有限公司印刷
全国各地新华书店经销

＊

710 毫米 ×1000 毫米 16 开本 10.25 印张 156 千字
2024 年 1 月第 1 版　2024 年 1 月第 1 次印刷
定价:62.00 元

随着无线网络和智能移动设备的迅速发展与广泛普及，各种各样的社交网络应用软件应运而生，如 Facebook、Twitter、微信、微博等，"圈粉"了数以十亿计的用户。与此同时，空间定位技术日趋成熟。该技术与社交网络的融合促进了基于位置的社交网络（Location Based Social Networks, LBSNs）的发展，相关社交软件呈现出爆炸式的增长趋势。在 LBSNs 中，用户不仅可以进行信息互动，与好友分享访问过的位置，也可以分享评论、视频、照片等；软件还可以通过兴趣点获取用户的位置信息，使用户在数字网络中的行为与现实世界联系起来。

2023 年统计数据显示，每天有数十亿用户在 LBSNs 中主动或被动地留下地理位置信息，大量的用户位置数据由此积累。LBSNs 中产生的海量时空数据中隐藏着用户的个人偏好、活动轨迹、生活模式等，这些数据刻画了一个个生动的用户画像，由此也催生了各种类型的智能化位置服务。作为 LBSNs 中的一个重要应用，推荐系统受到了学术界和工业界的广泛关注，成为解决"信息过载"问题的一个重要技术手段。一方面，推荐系统可以利用用户和位置的相关信息探究这些信息对签到行为的影响，帮助人们更加便捷地从海量位置数据中寻找到感兴趣的信息，进而探索新的位置和活动，丰富用户的生活体验；另一方面，服务提供商可以通过向用户提供智能化、个性化推荐服务实现精准营销，合理规划经营规模和经营策略，极大地增强用户对 LBSNs 平台的使用黏性，进而增加经济收入。

　　除了数据规模增长的趋势外，用户主体对智能化、个性化服务的需求愈加强烈。这也反向促进了服务模式和各类基于位置的社交网络软件的多样化发展，推动了位置推荐系统领域研究目标及研究内容等发生转变，越来越多的关于位置推荐算法和应用的研究逐渐深入，旨在解决信息过载问题，提高推荐精度，满足用户的个性化需求。但是，由于缺乏对复杂上下文环境下的用户行为的深度发掘，以及存在数据稀疏问题，推荐系统在性能和质量方面仍存在提升空间。

　　如何充分利用多种上下文信息更加精确地对用户行为偏好进行建模，向用户推荐感兴趣的位置或活动，是提高推荐系统性能和优化用户体验的关键问题之一。本书从兴趣点推荐、兴趣区域推荐、活动推荐三个方面深入总结分析了 LBSNs 领域的已有研究成果，重点基于用户签到的地理特征，围绕基于地理和社会信息的兴趣点推荐、基于地理和类别信息的用户兴趣区域发现与推荐、基于时空上下文感知的用户活动偏好分析与推荐三个部分展开分析和阐述。

　　笔者深知自己对于位置推荐算法的研究尚有不足，加之成稿仓促，书中难免存在错误和疏漏之处，望读者不吝赐教。

目 录
CONTENTS

1 第一章 导 论

2 第二章 位置推荐研究现状

3 第三章 位置推荐相关技术

1

第一章

导 论

近年来，由于基于位置的社交网络、各类移动端社会化媒体以及城市的快速发展，用户的签到数据得到了爆炸式的增长，并以前所未有的规模和速度影响或改变着人们的生活方式。本书中，将LBSNs简称为"位置推荐"，作为一种有效的信息过滤手段，位置推荐是解决信息过载问题、提供个性化的决策支持和信息服务的有效方法之一，已经成为基于位置的社交网络的一个重要应用。位置推荐可以向人们推荐其可能感兴趣的位置，为人们的出行提供参考，极大地便利了人们的生活。本章首先介绍位置推荐的基本概念和定义，其次对位置推荐的分类进行介绍，再次对位置推荐的三种应用场景进行概括和举例说明，最后介绍几类常见的位置社交网络数据。

第一节 位置推荐的概念

随着信息技术和互联网的发展，人们逐渐从信息匮乏的时代走入了信息过载的时代。无论是用户还是信息生产者都遇到了很大的挑战：作为用户，如何从大量的信息中找到自己感兴趣的信息是一件非常困难的事情；作为信息生产者，如何让自己生产的信息更加突出，受到广大用户的关注，也是一件非常困难的事情。推荐系统就是解决这一问题的重要工具。位置推荐的任务是联系用户和信息，一方面帮助用户发现对自己有价值的信息，另一方面让信息能够展现在对它感兴趣的用户面前，从而实现信息消费者和信息生产者的双赢。

在位置社交网络中，推荐系统也常被称为位置推荐，大部分学者将位置点（location, place, venue, position 等）作为推荐对象，设计推荐模型向用户推荐独立的位置点或连续的位置点序列。Bao 等根据推荐对象的不同将位置推荐分为兴趣点（Point of Interest, POI）推荐和兴趣区域（Region of Interest, ROI）推荐。随着用户需求的提高和服务的多样化，活动推荐、旅游景点推荐等应运而生，促进了位置社交网络中推荐系统的发展。而无论是哪种类型的推荐对象，LBSNs 中的推荐系统均以建立用户位置预测模型为研究目标，从不同角度提取用户的行为特征和轨迹，解决不同用户探索新项目的需求，为用户提供相应的位置服务。

位置推荐是指根据用户的签到历史记录，兴趣点的位置、类别、评分，用户的社会关系等信息向用户推荐其可能感兴趣的推荐对象，过滤掉不感兴趣的对象，以快速、高效地满足用户访问新位置的需求。图 1-1 为基于位置的社交网络关系图，由用户、兴趣点、兴趣区域等元素组成，用户之间存在一定的社会关系，用户的签到表现出一定的时间序列特征。

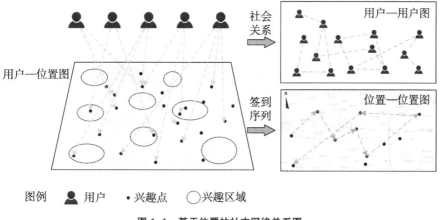

图例　🧍用户　•兴趣点　◯兴趣区域

图 1-1　基于位置的社交网络关系图

第二节　位置推荐的分类

　　传统的推荐技术常用来推荐具有非空间属性的项目，如视频、音乐、新闻、图书、好友、电影等。然而，在 LBSNs 中用户的签到行为是一种物理上的交互行为，满足地理学第一定律，且具有区域性、用户动态移动性和用户隐式反馈等特征，这些特征将位置推荐和传统的推荐算法区分开来。随着推荐技术、推荐场景和推荐对象的多样化，在传统推荐算法的基础上，LBSNs 中的推荐问题得到了系统性的研究和发展。下面将按照推荐技术、推荐对象和上下文信息对 LBSNs 中的推荐技术进行总结与分析，图 1-2 为基于位置的社交网络推荐算法的分类。

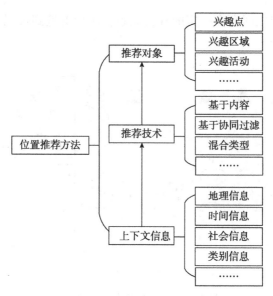

图 1-2　基于位置的社交网络推荐算法分类

一、按推荐技术

根据推荐技术的不同，可以将位置推荐分为基于协同过滤的位置推荐、基于内容的位置推荐（Content-based, CB）和混合型（Hybrid）的位置推荐。其中基于协同过滤的位置推荐为最常用的方法。本书将在第三章中对基于协同过滤的位置推荐和混合型的位置推荐的常用技术进行介绍。

1. 基于协同过滤的位置推荐

基于协同过滤的位置推荐假设具有相同或者相似兴趣偏好的用户的信息需求也是相似的，通过发掘用户的历史标注信息来发现相似用户或项目，然后根据计算相似用户或项目的评分信息来预测当前用户对项目的偏好程度。具有响应速度快、准确度高的优点，因此自问世以来便被广泛应用。但是基于协同过滤的位置推荐具有冷启动、数据稀疏性等问题。

2. 基于内容的位置推荐

通过分析用户的属性和文本信息，发掘与用户兴趣喜好相关的关键词或标签并构建用户的兴趣档案，然后将用户的兴趣特征以及项目的标签、类别等特征进行匹配后做出推荐（景宁等，2015）。因此，基于内容的位置推荐方法比较适用于文本信息，根据用户的历史偏好，为用户推荐与其历史偏好相似的项目。基于内容的位置推荐方法对冷启动问题不敏感，但需要提取有意义的特征和良好的结构，推荐精度低。

3. 混合型的位置推荐

将两种或以上的推荐技术相结合，取长补短，从而可以获得更好的推荐效果。混合推荐能够较好地解决数据稀疏性问题，对冷启动问题也有较好的效果，加上机器学习方法的协助，能够有效地提高推荐精度，成为位置推荐方法的发展趋势。

二、按上下文信息

表1-1列出了位置推荐中常用的信息类型，包括位置的属性信息、用户的属性信息、用户在位置的签到信息和用户之间的关联信息等。其中地理位置信息是位置推荐区别于其他项目推荐的主要特征之一，且用户行为的时空信息要比其他上下文信息更容易获取。

根据上下文信息，任星怡等认为兴趣点推荐包括基于纯签到数据、地理信息、社会信息、时间信息、文本信息、类别信息等类型。如何利用这些上下文信息提高位置推荐精度是研究者一直追寻的目标。本书重点对地理信息、时间信息、类别信息和社会信息在位置推荐中的应用进行深入探讨。

表 1-1　LBSNs 中的信息分类

信息来源	分类	备注
位置	类别信息	所属类别
	地理位置	经纬度坐标
	其他信息	其他基本信息，如名称、别名、电话、营业时间等
用户	个人信息	个人基本信息，如用户名、性别、年龄、注册时间等
用户—位置	评分信息	用户评分
	评论信息	用户评论，包含文本或图片等
	签到时间	用户签到时间
用户—用户	社会信息	用户好友

1. 地理信息

基于位置的社交网络中用户的签到活动与位置的空间分布存在很强的关联性。根据地理学第一定律，"任何事物都是与其他事物相关的，只不过相近的事物关联更紧密"，兴趣点的地理信息和地理分布特征极大地影响了用户的签到行为。现有研究表明，用户对距离自己较近的位置更感兴趣，较易放弃虽然感兴趣但距离较远的位置，且更喜欢访问他们曾经签到过的位置。

2. 时间信息

用户的签到活动表现出一定的时间分布特征。用户行为的时间特征通常具有两个方面的含义。一是用户在特定的时间采取特定的操作，例如在午餐时间去餐厅，晚上去酒吧。二是用户的签到之间存在一定的时间顺序，例如用户去景点参观后通常去餐厅吃饭，因此用户的 POI 签到具有一定的序列特征，这也反映了不同用户的个性化偏好。

3. 类别信息

在基于位置的社交网络中，通常预先定义一个通用的类别集合，每个兴趣点属于类别集合中的一类，兴趣点的类别反映了其业务属性。在现实生活中，人们对兴趣点的类别有不同的偏好，用户访问过的兴趣点的类别隐性地表示了用户对不同兴趣点的偏好。例如美食家经常去餐馆品尝各种各样的食物，旅游爱好者通常在世界各地的旅游景点旅游，健身人士更喜欢到健身房锻炼或进行户外运动。

4. 社会信息

社会信息已被广泛应用于传统推荐系统，包括基于记忆的方法与基于模型的方法等。用户在社交网络中的行为一直受到具有社会关系的用户的影响，具有社会关系的用户更有可能具有相同或相似的品位与兴趣，例如，朋友之间经常一起参观博物馆或逛商场，这意味着朋友比非朋友更有可能共享共同的位置，尽管大多数朋友访问过的位置重叠得较少。

三、按推荐对象

根据推荐对象的不同，Bao 等将基于位置的社交网络中的推荐分为位置推荐（包括兴趣点推荐、兴趣区域推荐）、用户推荐、活动推荐、社交网络推荐。近年来，对景点推荐、社区推荐等也进行了一定的研究。本书重点对兴趣点推荐、兴趣区域推荐、活动推荐进行介绍。

1. 兴趣点推荐

兴趣点具有名称、坐标、类别、评分等属性，如商店、餐厅、影院、展览馆等，是具有独立地理坐标的点，可以用经纬度表示。兴趣点推荐为用户推荐可能感兴趣的具体的地理位置，广泛研究用户和兴趣点的相关信息对于用户签到行为的影响，从而为用户提供兴趣点的推荐。

2.兴趣区域推荐

兴趣点在空间上可以表示一个具体的地点，而兴趣区域可以表示一块地理区域。兴趣区域的研究主要应用于医疗成像、计算机视觉、地理信息系统及图像处理等领域。在图像处理中，兴趣区域是指从图像中以方框、圆、椭圆、不规则多边形等方式勾勒出的需要处理的区域。在位置推荐领域，兴趣区域是指具有特定功能，吸引人们关注和活动的综合性城市区域，如交通枢纽、休闲商业区、景点地标等。

兴趣区域推荐的目的是为用户推荐可能感兴趣的活动空间区域，多基于用户的签到历史行为为用户构建全局或个性化的兴趣区域，对研究区域进行划分，从而为用户提供兴趣区域的推荐。在宏观层面上，兴趣区域是集聚经济的代表之一，在城市商业规划中起着重要作用。在微观层面上，兴趣区域为了解城市生活和人类需求提供了一个有用的平台。

3.兴趣活动推荐

将数百万个不同的签到点作为预测目标时，精确地预测用户的签到位置是具有挑战性的任务，因此其精度往往不高。为此，已有研究将兴趣点推荐问题分解为两个子问题：先发掘用户的活动偏好，预测用户喜欢的活动类型，在签到活动类型的基础上再预测用户的签到兴趣点。在基于位置的社交网络中，研究者通常将兴趣点的类别作为活动类别，因此，活动推荐可以理解为推荐用户可能感兴趣的兴趣点类别。

第三节　位置推荐的应用

为满足 LBSNs 中用户个性化服务需求，建立智能推荐模型需要结合用户需求来解决数据稀疏、用户兴趣多样等问题，并在真实推荐场景中进行精准的用户偏好建模。本书推荐场景设计的基本思想是：根据用户历史签到行为以及多种上下文信息，计算得到用户可能感兴趣的对象列表，做个性化的 Top-k 推荐。以 Yelp 数据为例，用户经常与朋友一起在一所公园附近的酒吧和中餐厅就餐，Yelp 可以根据经常访问的餐厅向用户推荐该地区附近的几家中餐厅或酒吧。同时，可以根据用户历史就餐签到记录，发掘用户感兴趣的就餐区域位于哪些街区，探索用户在当前时间和位置下感兴趣的几种类别的餐厅，分析用户的就餐习惯。

给定用户 u 及其历史签到记录 $L_u = \{l_1, l_2, \cdots, l_n\}$，结合兴趣点、兴趣区域、活动三类推荐对象对推荐场景进行如下定义：

（1）根据用户签到的空间特征和社会特征，推荐用户感兴趣的 Top-k 个兴趣点 $P_u = \{p_1, p_2, \cdots, p_k\}$。

（2）根据用户签到区域的空间邻近性和类别相似性，推荐相似的 Top-k 个兴趣区域 $R_u = \{r_1, r_2, \cdots, r_k\}$。

（3）根据用户当前时间和位置的签到习惯，推荐用户感兴趣的 Top-k 个活动 $C_u = \{c_1, c_2, \cdots, c_k\}$。

假设 k 取值为 5，图 1–3、图 1–4、图 1–5 分别为兴趣点、兴趣区域和活动的应用示例。其中，图 1–5 中标出了用户 u 最感兴趣的五类活动中的最受欢迎的五个兴趣点。

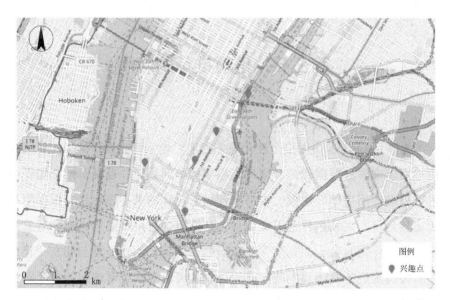

图 1-3 兴趣点推荐应用示例，底图来自 OSM 地图

图 1-4 兴趣区域推荐应用示例，底图来自 OSM 地图

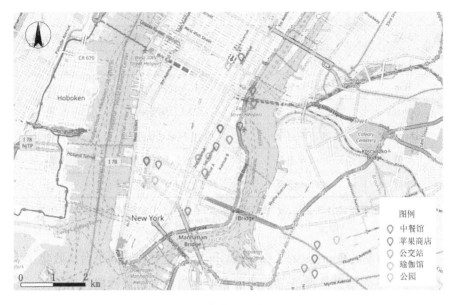

图1-5 活动推荐应用示例，底图来自 OSM 地图

第四节　基于位置的社交网络数据

常见的国内外 LBSNs 平台包括 Foursquare、Yelp、Gowalla、Instagram、微信、微博等。这六个平台的基本数据对比见表 1-2。其中，Gowalla 在 2012 年 3 月被 Facebook 收购，不再单独运营。Instagram 具有向用户提供照片及视频分享的功能，但其带有位置的照片或视频的比例不高于 25%。微信和微博不完全是基于位置的分享平台，用户的很多记录不带有位置信息，而且相对于其他几个平台，数据的获取难度较大。除此之外，利用 Foursquare、Yelp、Gowalla 数据完成位置推荐算法研究的论文占半数以上，充分说明了这 3 类数据集应用于位置推荐研究中的适宜性。

表 1-2　常见的 LBSNs 平台的信息对比

名称	时间	注册 / 活跃用户数量	数据是否开放
Foursquare	2009 年至今	约 6 千万注册用户 [1]	是
Yelp	2004 年至今	约 1.78 亿独立用户 [1]	是
Gowalla	2009—2012 年	约 60 万注册用户	是
Instagram	2010 年至今	约 10.74 亿注册用户 [1]	是
微信	2012 年至今	约 12.25 亿月活跃用户 [2]	否
微博	2009 年至今	约 5.23 亿月活跃用户 [3]	否

注：1. 数据截至 2021 年 2 月；2. 数据截至 2020 年 12 月；3. 数据截至 2020 年 6 月。

　　综上分析，Foursquare、Gowalla 和 Yelp 是更合适的平台，收集了大量的用户签到信息。每条记录都带有位置信息，而且数据获取方便。本书实验部分使用的 Foursquare 数据集为 Yang 等抓取的用户 2012 年 4 月 12 日至 2013 年 2 月 16 日在纽约市的签到记录；Gowalla 数据集为 Liu 等抓取的用户 2009 年 1 月至 2010 年 10 月的签到记录；Yelp 数据集为 Liu 等抓取的用户 2004 年 10 月至 2015 年 12 月的签到记录。每个数据集的签到记录中都包含了用户唯一编码、兴趣点唯一编码、时间戳、经度和纬度信息。另外，Foursquare 数据集包含兴趣点类别信息，Gowalla 数据集和 Yelp 数据集包含用户的社会信息。

　　由于 Foursquare、Gowalla 和 Yelp 的原始数据中均存在噪声，为了方便和其他基线方法进行比较，获取的 3 个数据集均为经过预处理后的数据。数据集的基本统计信息见表 1-3。为了降低数据的稀疏性，减弱冷启动问题的影响，Foursquare 数据集去除了签到次数少于 100 次的用户，Gowalla 数据集去除了签到次数少于 15 次的用户和被访问次数少于 15 次的兴趣点，Yelp 数据集去除了签到次数少于 10 次的用户和被访问次数少于 10 次的兴趣点。可以看出，所有数据集的用户—兴趣点矩阵仍然非常稀疏，每个用户访问过的兴趣点占兴趣点总数的比例不到 1%，且每个兴趣点被访问的用户占用户总数的比例不到 1%。因此，LBSNs 中的个性化位置推荐面临严重的数据稀疏问题，如何利用有限的签到记录学习用户的签到偏好，是位置推荐算法需要解决的关键问题之一。同时，从用户的平均签到数量和时间跨度上来看，Foursquare 的用户比 Gowalla 的和 Yelp 的用户更活跃，因为 Foursquare 保留了签到次数更多的用户。相比于其他数据集，Foursquare 数据集没有删除极少被访问的冷门兴趣点，因此兴趣点的平均被访问次数和用户数较低。

表 1-3　数据集的基本统计信息

参数	Foursquare	Gowalla	Yelp
用户数量	1083	18737	30887
兴趣点数量	38333	32510	18995
总签到次数	227428	1278274	860888
用户平均签到次数	210.00	68.22	27.87
用户平均访问 POI 数量	84.05	43.87	26.58
POI 平均被访问次数	5.93	39.32	45.32
POI 平均被访问用户数	2.37	25.28	43.21
用户最少签到次数	100	15	10
POI 最少被签到次数	1	15	10
POI 类别	215	—	—
时间	2012.04—2013.02	2009.01—2010.10	2004.10—2015.12
地区	纽约	全球	部分城市
用户—POI 矩阵密度	2.19×10^{-3}	1.35×10^{-3}	1.40×10^{-3}
相关章节	第六、七章	第五章	第五章

表 1-4 为 Foursquare 的数据集示例。其中，"userId" 为每个用户的编号；"venueId" 为兴趣点的编号；"venueCategory" 表示兴趣点的类别；"latitude" 和 "longitude" 分别表示兴趣点的纬度和经度；"utcTimestamp" 表示用户的签到时间。其他诸如 "venueCategoryId"、"timezoneOffset" 等字段在研究中并不涉及。表 1-5 为 Gowalla 和 Yelp 的签到数据示例。其中，"userId" 为每个用户的编号；"venueId" 为兴趣点的编号；

"timestamp"表示签到的时间戳；表1-6为Gowalla和Yelp的社会信息数据示例，每一行记录表示具有社会关系的两个用户ID。

表1-4　Foursquare 的数据集示例

userId	venueId	venueCategory	latitude	longitude	utcTimestamp
470	1	Arts and Crafts Store	40.71981038	74.00258103	Apr 03 18:00:09 2012
979	2	Bridge	40.60679958	74.04416981	Apr 03 18:00:25 2012
69	3	Home (private)	40.71616168	73.88307006	Apr 03 18:02:24 2012
395	4	Medical Center	40.74516380	73.98251878	Apr 03 18:02:41 2012
87	5	Food Truck	40.74010383	73.98965836	Apr 03 18:03:00 2012
484	6	Food and Drink Shop	40.69042712	73.95468678	Apr 03 18:04:00 2012
642	7	Coffee Shop	40.75159143	73.9741214	Apr 03 18:04:38 2012

表1-5　Gowalla、Yelp 的签到数据示例

userId	venueId	latitude	longitude	timestamp
0	138	1.303505494	103.7655473	1185638400.0
0	1643	1.300670923	103.8365734	1185638400.0
0	1681	1.425363169	103.7737667	1185638400.0
1	1682	1.293697208	103.9325120	1185638400.0
1	5298	1.384099790	103.9464569	1185638400.0
2	5707	1.412887408	103.8356924	1185638400.0
3	5783	1.300409000	103.8471480	1185638400.0

表1-6　Gowalla、Yelp 的社会信息数据示例

user1Id	user2Id
299	2911
4308	4775
1053	2879
116	2909
9269	16777
2100	2229
1095	11155

图 1-6 至图 1-8 给出了三个数据集中兴趣点的空间分布情况。图 1-6 给出了 Foursquare 数据集的兴趣点分布，图 1-6(b) 截取了数据集中中央公园附近的详细图。图 1-7 给出了 Gowalla 数据集的兴趣点分布，图 1-7(b) 截取了 Gowalla 数据集中美国拉斯维加斯市的详细图。图 1-8 给出了 Yelp 数据集的兴趣点分布，图 1-8(b) 截取了 Yelp 数据集中美国拉斯维加斯市的详细图。可以发现，相比于 Gowalla 数据集和 Yelp 数据集，Foursquare 数据集在空间上范围较小。图 1-7(b) 和图 1-8(b) 均为拉斯维加斯的签到点，可以发现 Gowalla 数据集兴趣点空间分布集中，Yelp 数据集中签到点分布得较为均匀，且多沿街道分布。

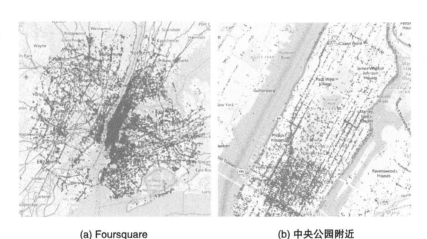

(a) Foursquare　　　　　　　　　　　(b) 中央公园附近

图 1-6　Foursquare 数据集中兴趣点的空间分布，底图来自 OSM 地图

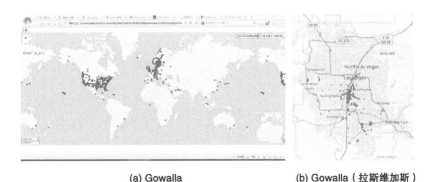

(a) Gowalla　　　　　　　　　　　(b) Gowalla（拉斯维加斯）

图 1-7　Gowalla 数据集中兴趣点的空间分布，底图来自 OSM 地图

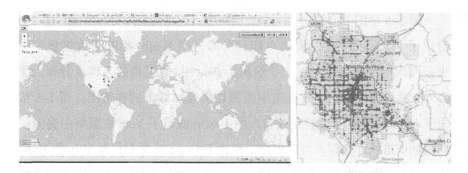

(a) Yelp   (b) Yelp（拉斯维加斯）

图 1-8　Yelp 数据集中兴趣点的空间分布，底图来自 OSM 地图

2

第二章

位置推荐研究现状

随着服务模式和各类基于 LBSNs 的软件应用的多样化，用户主体对智能化、个性化的服务的需求愈加强烈，促使了 LBSNs 中推荐系统的研究目标及内容等方面发生转变，越来越多的关于位置推荐算法和应用的研究应运而生，旨在解决信息过载，提高推荐精度，满足用户个性化、智能化的服务需求。本章从传统位置推荐技术、兴趣点推荐、兴趣区域推荐和活动推荐四个方面介绍该领域研究现状。

第一节　传统位置推荐技术的发展

推荐系统的研究始于 20 世纪 90 年代，美国明尼苏达大学 GroupLens 研究小组在 1994 年推出了 Movielens 的电影推荐系统，最早将协同过滤算法应用到推荐系统中。推荐算法的类型多样，按照推荐技术可以分为基于协同过滤的、基于内容的、基于人口（Demographic-based）的、基于知识（Knowledge-based）的、基于社区（Community-based）的和混合型的推荐。其中，基于内容的、基于协同过滤的和混合型的推荐算法使用得最为广泛。推荐系统的研究为位置推荐提供了理论和方法基础。下面将对基于内容的、基于协同过滤的和混合型的位置推荐算法进行总结。

1. 基于内容的位置推荐算法

基于内容的位置推荐算法比较适用于文本和照片，根据用户的历史偏好特征，为用户推荐与其历史兴趣的位置相似的位置。在基于内容的位置推荐中，位置的信息通常是隐式的，以特征向量的形式表示。目前常用的学习算法包括 K 最近邻、线性分类算法、决策树算法、Rocchio 算法、朴素贝叶斯等。Albanna 等利用了 Instagram 数据实现用户兴趣感知的位置推荐系统，通过加权平均的方式构建文本标记网络，对于用户感兴趣的文本标记进行提取，利用 HITS（Hyperlink-Induced Topic Search）算法将兴趣标记与用户搜索建立关联。

基于内容的位置推荐算法具有很好的可解释性，对新项目不存在冷启动问题，而且不会推荐过于热门的位置。但基于内容的位置推荐算法有以下缺点。一是获取用户的属性或者文本信息难度较大，耗时长；二是仅依赖用户历史偏好，无法发掘用户潜在兴趣，可能导致推荐效果较差；三是新用户没有历史偏好，对新用户存在冷启动问题，无法为新用户产生推荐。

2. 基于协同过滤的位置推荐算法

目前，基于协同过滤的位置推荐系统已经成功应用于位置推荐任务中。按照实现方式的不同，分为基于模型（model-based）的协同过滤和基于记忆（memory-based）的协同过滤两大类。

（1）基于模型的协同过滤旨在学习一个算法模型来解释观察到的用户—项目交互，如潜在贝叶斯网络、回归模型、矩阵分解等。2009年Yehuda Koren等详细介绍了融合机器学习技术的矩阵分解模型，对于基于矩阵分解的推荐模型的研究产生了重要影响。Lian等联合位置建模和矩阵分解，在用户隐向量中增加用户活动区域向量，在兴趣点隐向量中增加兴趣点影响力向量，有效解决矩阵稀疏的问题。Liu等将地理区域结构信息整合到用户隐向量和兴趣点隐向量中，显著提高了推荐的准确性。Yang等提出了一个基于位置的社交矩阵分解模型，将用户社交影响和位置相似性影响都考虑到位置推荐中。

（2）对于基于记忆的协同过滤，Ye等认为在兴趣点推荐中任意两个用户共同访问的位置越多，相似性越高；任意两个朋友间拥有的共同朋友和共同签到越多，相似性越高，使用了基于用户的协同过滤和基于朋友的协同过滤计算用户、朋友间的相似性。Zhang等认为居住地相隔越远的朋友相似性越低，通过引入用户居住地之间的距离计算朋友之间的相似性。Ference等提出了一个基于用户偏好、邻近性和社交的协同过滤推荐框架，对LBSNs中的移动用户进行位置推荐。

基于协同过滤的位置推荐具有自动化程度高、个性化等优点，且能够很好地融合地理位置、时间信息、社会关系等上下文信息。但是不能很好地解决冷启动问题和数据稀疏性问题，只能学习 LBSNs 中的线性或低阶交互，难以捕获用户访问序列特征。研究发现，矩阵分解在基于模型的协同过滤中应用得最广泛。

3. 混合型的位置推荐算法

混合型的位置推荐算法通常是融合了基于内容的位置推荐算法和基于协同过滤的位置推荐算法，旨在获得更好的推荐效果。近年来，越来越多的研究学者利用先进的机器学习方法将多种上下文信息融合。混合型的位置推荐能够较好地解决数据稀疏性问题，对冷启动问题也有较好的效果，但缺点是复杂度较高。

第二节　兴趣点推荐研究现状

随着推荐技术、推荐场景和推荐对象的多样化，在传统推荐算法的基础上，位置推荐得到了系统性的研究和发展。位置推荐多结合上下文信息（地理信息、时间信息、社会信息、类别信息等）对用户偏好进行建模，进而为用户推荐 POI 或 ROI。根据上下文信息的不同，可以分为基于地理信息、基于时间信息、基于类别信息和基于社会信息的兴趣点推荐。

一、基于地理信息的兴趣点推荐

地理特征多作为推荐框架的一部分，通过多种方式与社会信息、评价信息、类别信息等相融合，得到了广泛的研究。近年来，研究学者主要通过构造地理近似矩阵、地理距离矩阵、地理影响矩阵或地理间隔矩阵等，结合矩阵分解技术、深度学习技术等实现位置推荐。Liu 等提出利用实例级和区域级两个级别的邻域实现更准确的位置推荐（IRenMF），在实例级采用地理加权策略考虑用户对目标位置的偏好与其近邻之间的强关系，在区域级利用签到数据衍生的地理区域结构，最终结合矩阵分解探索两个级别的地理邻域特征。Ding 等提出了一个基于深度神经网络的个性化推荐模型（RecNet），通过设置距离阈值构建地理近似矩阵，经过矩阵分解生成地理特征空间隐向量，将其作为深度神经网络的输入。Li 等提出了一种基于排序的地理因子分解方法（Rank-GeoFM），通过定义距离函数构建地理距离矩阵以整合地理影响，有效缓解了数据稀疏问题。Cui 等提出了一种融合时间序列和空间偏好的网络（Distance2Pre），在空间上引入距离间隔向量，将距离向量连接到转换矩阵中，基于门控循环单元（Gated Recurrent Unit，GRU），并采用线性和非线性两种方式将序列偏好和空间偏好结合。上述方法提高了推荐精度，但也存在一些局限性，如地理矩阵是稀疏的，不适合直接对位置或用户的地理分布进行建模。

另外，为了探索用户在签到位置上的地理特征，研究学者采用不同的地理分析模型对用户的签到行为进行建模，包括幂律分布（Power-law Distribution, PD）模型、基于高斯分布的模型、空间聚类和核密度估计（Kernel Density Estimation，KDE）等。Ye 等研究了用户签到活动在 LBSNs 中的地理聚类现象，表明用户更愿意在他们当前的位置的附近签到，提出了幂律概率模型来捕捉 POI 之间的地理影响。幂律分布模型又被其他学者应用、改进并融合到位置推荐模型中。Cheng 等采用多中心高斯（Multi-center Gaussian Model, MGM）模型，MGM 模型假设用户的签到地点分散在多个中心周围，并将地理和社会影响同矩阵分解模型融合以提高推荐性能。以上研究表明用户签到活动存在空间聚类现象，研究学者也采用空间聚类算法，如利用 K 均值聚类算法将位置或者用户分成不同的区间或簇，并结合协同过滤或矩阵分解实现兴趣点推荐。同时，核密度估计被广泛应用于兴趣点推荐中，目前通常采用基于一维核密度估计（1D–KDE）、二维核密度估计（2D–KDE）和自适应核密度估计（A–KDE）进行地理建模。

相比之下，幂律分布模型、基于高斯分布的模型和空间聚类模型均为参数估计，需要对数据进行一定的假设，而核密度估计为非参数估计，不需要对隐含的分布模式进行任何假设，直接从数据中学习分布模式。同时，参数估计需要更多的距离样本，且不适用于地理影响的个性化建模，仅根据单个用户的距离样本难以准确估计用户的签到分布，进而难以实现个性化的位置推荐，而二维核密度估计可以很好地解决这些问题。

二、基于时间信息的兴趣点推荐

近年来，为了发掘用户历史访问序列中的模式，研究学者提出了很多基于机器学习、深度学习的位置推荐技术，计算用户访问新位置的可能性。张量分解（Tensor Factorization, TF）、马尔科夫链（Markov Chain）和循环神经网络（Recurrent Neural Network, RNN）的应用最为广泛。Gao 等提出了一种统一的张量分解框架，对用户—位置、用户—朋友、朋友—位置、位置—时间和位置—位置的交互进行建模。Rendle 等提出了基于因子分解的个性化马尔科夫链（Factorizing Personalized Markov Chain, FPMC），将矩阵分解和马尔科夫链相结合，实现下一个兴趣点推荐。Zhang 等提出了一种统一的兴趣点推荐模型，将签到序列、地理影响和社会影响相结合，其中兴趣点之间的序列影响采用基于 n 阶马尔科夫链的模型建模。He 等提出了统一的基于张量的潜在模型，通过探究每个用户的潜在模式级别偏好来捕获连续签到行为。然而，张量分解在预测用户行为时存在冷启动问题，但能够有效解决数据稀疏问题；基于因子分解的个性化马尔科夫链在不同因素之间存在很强的独立性假设，限制了其性能，仅利用了用户签到序列中最近的若干次签到，因此，难以学习到序列的长期偏好。

RNN 隐藏层的循环结构具备天然的序列建模的能力，其隐藏表示可以随着签到行为的变化而动态变化，与 TF 和 FPMC 模型相比，许多研究学者融合了时间和地理信息，扩展后的 RNN 模型表现出了较好的性能。Liu 等在 RNN 的基础上进行扩展，提出了空间—时间循环神经网络（ST-RNN），该框架用时间特定转换矩阵和距离特定转换矩阵对局部时空环境进行建模。Kong 等提出时空长短期记忆模型（ST-LSTM），采用了一种解码器—编码器的方式，对历史访问信息进行建模，将时间间隔和地理距离分割成离散的片段来解决数据稀疏性问题。Cui 等提出了 Distance2Pre 模型，该模型对用户签到序列中连续的两次签到之间的距离进行建模，以此获取空间距离偏好，提出了线性融合和非线性融合两种方法融合用户的序列偏好和空间偏好。Zhao 等通过加强长短期记忆网络提出了时空门控网络（STGN），引入时空门捕获连续签到之间的时空关系，引入了耦合输入和遗忘门来减少参数的数量。

三、基于类别信息的兴趣点推荐

相比于地理信息和时间序列信息，融合类别信息来提高兴趣点推荐模型的精度的研究相对较少，已有研究采用矩阵分解、基于用户的协同过滤、深度学习等方法将类别信息应用于兴趣点推荐中。Zhang 等应用用户对兴趣点类别的偏好来衡量相应类别中兴趣点的受欢迎程度，并将受欢迎程度建模为幂律分布，以利用兴趣点之间的类别相关性。Hu 等采用矩阵分解将每个兴趣点类别用一个潜在向量表示，根据兴趣点类别的潜在向量推导出用户对一个 POI 的相关性得分。Zhao 等将所有用户进行聚类，划分到不同的社区中，并将每个社区表示为一个加权的类别向量，向量的维度代表社区内的用户在该类别的签到次数，最后利用每个社区的类别向量，采用基于用户的协同过滤计算用户的相似性。Bao 等计算用户在不同类别的分类偏差，采用基于用户的协同过滤技术计算用户间的相似度。Ding 等构建地理近似矩阵、POI 共现矩阵、类别关联矩阵，通过矩阵分解获得不同特征的隐向量，最终通过深度神经网络实现个性化的兴趣点推荐。

类别信息通常作为辅助信息应用于兴趣点和兴趣区域推荐中，用以提高推荐性能。LBSNs 中，兴趣点类别的推荐也称为用户活动推荐，可以作为推荐对象向用户提供推荐服务，也可以为兴趣点推荐提供基础，在本章第四节对兴趣活动推荐进行了详细介绍。

四、基于社会信息的兴趣点推荐

已有研究学者结合用户之间的社会关系来提高 LBSNs 中兴趣点推荐的性能。目前，一方面，部分研究学者将朋友的相似性直接应用到基于用户的协同过滤方法中，提出了基于朋友的协同过滤，并在此基础上进行提升优化。Gao 等构建了地理—社会相关模型来捕获 LBSNs 中的社会关系，该模型考虑了用户的社会关系网络和地理距离，将用户间的社会关系分为四类：本地朋友关系、本地非朋友关系、异地朋友关系、异地非朋友关系，该方法解决了位置预测中的冷启动问题。另一方面，部分研究利用潜在因子模型或矩阵分解模型，将用户之间的相似性作为模型的权重或正则化项。Lin 等对用户的朋友划分类别，认为不同类别的朋友会共享不同种类的兴趣点，由此提出了一个特征化的社交正则化项模型，通过一个通用的正则化项建立不同类别的朋友影响。也有一些学者采用其他模型建模社会关系的影响。Jiang 等将社交网络表示为以社交域为中心的星形结构混合图，连接其他项目域，提出一种基于星形结构图的混合随机游走方法，在跨领域知识和社会领域之间建立桥梁，并在目标领域中准确预测用户和项目的链接。朱敬华等利用用户之间的信任关系对用户的信任传播进行分析，获得用户与目标用户之间的信任与不信任关系，并建立兴趣点推荐模型。

社会影响在传统推荐系统的性能上具有一定的重要性，而在 LBSNs 中的重要性稍弱。这是因为，在传统推荐系统中，用户可以通过网站进行这些活动，社会影响不受物理交互的限制，例如看电影、网上购物、听音乐等。而在位置推荐领域，用户的签到活动需要用户和位置之间的物理交互，限制了社会影响的贡献，使得社会影响的作用更不明显。

第三节　兴趣区域推荐研究现状

与 POI 不同的是，ROI 是具有特定功能、能够吸引用户关注和活动的综合区域，一个兴趣区域内往往包含一个或若干个兴趣点。由于兴趣区域的模糊性和多样性，目前还缺乏从整体上对兴趣区域进行定量研究的方法。相比于兴趣点推荐，兴趣区域推荐的研究起步较晚，目前 LBSNs 中大多数的推荐方法是针对兴趣点设计的。Xu 等指出可以获得用户对 ROI 中 POI 的平均偏好，来表示用户对 ROI 的偏好，从而在 ROI 上使用针对兴趣点的推荐算法。而如何将用户对 POI 的偏好聚合到 ROI 中是实现兴趣区域推荐的基本问题。

近年来，研究学者对兴趣区域推荐进行了探索性的研究，涉及了聚类、地理格网、Voronoi 图、神经网络等技术。Pham 等利用 POI 之间的交互来提高推荐性能，并将区域推荐问题简化为几何相交问题，向用户推荐可能感兴趣的居住地以外的区域（out-of-town region）。Xu 等利用 ConvLSTM 网络将跨区域的全局偏好、个人偏好和时空相关性整合到签到区域中。在另一项研究中，Xu 等基于注意力网络和神经图协同过滤提出了用于区域推荐的图注意力神经网络，该模型通过构建 POI 级和 ROI 级的注意力模块，发掘用户的感兴趣位置。Liu 等结合社交媒体数据的语义信息和位置信息，使用基于密度的空间聚类算法发现用户感兴趣的主题区域，向用户推荐主题区域。Yuan 等从社交媒体数据中提取周期性移动模式，提出了一种联合地理和时间信息的贝叶斯非参数建模方法，在周期区域发现、离群点发现、周期检测和位置预测上都优于最先进的方法。部分学者借助社交媒体数据、GPS 数据、OSM 数据、道路网等实现兴趣区域推荐，均取得了性能的提升。

向用户推荐 ROI 比推荐 POI 要复杂，因为区域中分布了若干 POI，不同的 POI 对不同用户的吸引力不同。无论是在理论研究还是算法研究方面，ROI 推荐都处在起步阶段，还面临诸多问题：（1）用户经常访问的区域不一定具有较高的质量和吸引力，因为用户访问区域的可能性与区域属性相关（如区域内 POI 数量、区域内 POI 类别、区域面积等），难以在 ROI 上使用针对 POI 的推荐模型；（2）现有研究主要以用户签到的空间特征为基础，没有融合 LBSNs 中的类别、社交、时间等上下文特征；（3）通过聚类、地理格网等方法获得的用户感兴趣区域的边界是任意的，因此 ROI 很难具有实际的地理意义，对用户来说可解释性不强。兴趣区域推荐既满足了城市化和现代文明的要求，又能从用户生成的时空数据中过滤出城市区域的潜在信息。如果具有关于研究区域的先验知识，将能更好地帮助探索用户感兴趣的区域。

第四节　活动推荐研究现状

LBSNs 中的兴趣活动推荐引起了学术界和工业界的一定关注。然而，相比于兴趣点推荐，活动推荐的研究工作较少，且常作为兴趣点推荐的中间步骤。在 LBSNs 中，已有研究从语义层面将兴趣点的类别表示为活动，即用户的签到行为表示为用户在某位置参与的某类别的活动。因此，将兴趣点的类别表示为活动，对上下文信息支持的兴趣活动推荐的研究现状进行总结。Ye 等利用隐含马尔科夫模型对用户的活动序列进行建模，增加了地理和时间因素对活动类型的影响。Yang 等提出利用用户的时空特征建模用户活动偏好，在空间上提出个人功能区域的概念建模和推断用户空间活动偏好，在时间上通过张量分解推断用户时间活动偏好。He 等提出了一种基于贝叶斯个性化排序的推荐方法，首先预测可能访问的下一个类别，然后根据预测的类别偏好推导出 POI 候选人的排名列表，最后根据空间影响力和类别排名影响力对候选项进行排序。Liu 等提出了协同张量—主题分解模型，从用户评论中发掘用户的兴趣主题，从兴趣点描述信息中发掘活动主题信息，最后通过张量分解框架发掘用户活动偏好，提高用户的活动推荐质量。Liu 等提出了基于活动的概率矩阵分解框架，使用间隔关系表示局部的时间依赖性，发掘用户的活动偏好。Li 等认为由于用户的特定爱好，通常习惯于访问那些属于同一类别的兴趣点，引入类别特征矩阵以表示用户对类别的偏好，并应用到矩阵分解中。

从以上研究可以看出，在兴趣活动推荐研究中，用户签到的时间特征和空间特征是用户兴趣活动推荐需要考虑的重要因素。

3

位置推荐相关技术

经历了近30年的发展，推荐算法在理论、技术和应用方面日益成熟，类型多样。本章对本书中涉及的理论和关键技术进行梳理，首先介绍协同过滤推荐方法的基本原理，从基于记忆的协同过滤和基于模型的协同过滤两个方面进行阐述；其次对四种常用的混合推荐方法进行介绍；再次对LBSNs中地理信息的特征学习方法进行概括总结，从地理因子矩阵和地理分析模型两个方面介绍几种常用的方法；最后介绍了三类常用的位置推荐算法评测指标。

第一节　协同过滤推荐方法

协同过滤算法起源于 20 世纪 90 年代，促进了整个推荐系统的研究和繁荣。目前，大多数协同过滤方法利用用户—项目矩阵，矩阵中每个元素表示用户对某项目的偏好得分。按照实现方式的不同，协同过滤算法可以分为两大类：基于记忆的方法和基于模型的方法，下面对两类方法的理论基础进行介绍。

一、基于记忆的协同过滤

基于记忆的协同过滤是基于协同过滤的推荐算法中最经典的技术之一，得到业界的广泛应用。根据假设条件的不同，基于记忆的协同过滤分为基于用户的协同过滤（User-based Collaborative Filtering, UCF）和基于项目的协同过滤（Item-based Collaborative Filtering, ICF）。其基本思想是"物以类聚""人以群分"，基于用户的协同过滤假设具有相似习惯的用户具有相同的爱好，而基于项目的协同过滤则假设用户会喜欢与历史评分较高的项目相似的项目，从而实现个性化的位置推荐。基于记忆的协同过滤的优点在于不需要用户和项目的本身的知识，仅需用户对项目的反馈数据（如用户—项目矩阵），就能利用相似项目和相似用户之间的关联来发现用户的偏好，因而在工业界应用得较为广泛。为了更好地描述基于记忆的协同过滤算法，本节将从相似度计算、基于用户的协同过滤和基于项目的协同过滤三个方面阐述。

（一）相似度计算

在基于用户（项目）的协同过滤中，需要通过计算用户（项目）的相似度来找到与用户（项目）具有相似性的用户（项目），然后依据预先设定的相似用户（项目）数 k，按照相似度大小，选择 k 个用户（项目）作为相似用户（项目）集合。因此，相似度的计算是实现推荐的重要前提。用户（项目）的相似度计算方法有多种，包括欧几里得距离（Euclidean Distance）、杰卡德相似度（Jaccard Similarity）、余弦相似度（Cosine Similarity）、修正的余弦相似度（Adjusted Cosine Similarity）、皮尔逊相似度（Pearson Correlation）等。用户（项目）的相似度计算方式相似，当 i,j 表示用户时，R_i 和 R_j 表示用户向量；当 i,j 表示项目时，R_i 和 R_j 表示项目向量，对常用的几种相似度计算方法进行总结。

1. 杰卡德相似度

杰卡德相似度计算两个集合的交集元素的个数在并集中所占的比例。取值范围为 [0,1]，杰卡德相似度值越大，两个集合相似度越高。杰卡德相似度没有考虑评分的大小，用户（项目）i,j 的杰卡德相似度计算公式为：

$$sim(i,j) = \frac{\left| R_i \cap R_j \right|}{\left| R_i \cup R_j \right|} \tag{3-1}$$

2. 余弦相似度

余弦相似度是通过两个向量的夹角的余弦值评估向量间的相似性的方法。取值范围为 [-1,1]，夹角的大小与余弦相似度值成反比，两个向量夹角越小相似度值越大，两个向量越相似。余弦相似度可以考虑用户对项目的评分，将缺失数据处理为 0。用户（项目）i,j 的余弦相似度计算公式为：

$$sim(i,j) = \cos(R_i, R_j) = \frac{R_i \cdot R_j}{\left\| R_i \right\| \left\| R_j \right\|} \tag{3-2}$$

3.修正的余弦相似度

修正的余弦相似度首先将数据进行标准化处理，然后采用余弦相似度的公式计算。修正的余弦相似度取值范围为 $[-1,1]$，绝对值越大，说明两个集合相似度越高。修正的余弦相似度将缺失数据直接忽略，用户（项目）i,j 的修正的余弦相似度计算公式为：

$$sim(i,j) = \frac{\sum\limits_{m \in M}\left(R_{m,i} - \bar{R}_m\right)\left(R_{m,j} - \bar{R}_m\right)}{\sqrt{\sum\limits_{m \in M}\left(R_{m,i} - \bar{R}_m\right)^2}\sqrt{\sum\limits_{m \in M}\left(R_{m,j} - \bar{R}_m\right)^2}} \qquad （3-3）$$

式中，当计算用户相似性时，M 为用户 i,j 共同访问过的项目集合，$\bar{R}_m$ 为访问过项目 m 的用户评级的平均值；当计算项目相似性时，M 为同时访问过项目 i,j 的用户集合，$\bar{R}_m$ 为用户 m 已访问过项目的平均值。

4.皮尔逊相似度

皮尔逊相似度是将数据标准化（减去平均值）处理后进行余弦相似度计算。取值范围为 $[-1,1]$，绝对值越大，说明两个集合相似度越高。皮尔逊相似度将缺失数据视为平均值，用户（项目）i,j 的皮尔逊相似度计算公式为：

$$sim(i,j) = \frac{\sum\limits_{m \in M}\left(R_{m,i} - \bar{R}_i\right)\left(R_{m,j} - \bar{R}_j\right)}{\sqrt{\sum\limits_{m \in M}\left(R_{m,i} - \bar{R}_i\right)^2}\sqrt{\sum\limits_{m \in M}\left(R_{m,j} - \bar{R}_j\right)^2}} \qquad （3-4）$$

式中，当计算用户相似性时，M 表示用户 i,j 共同访问过的项目集合，$\bar{R}_i$ 表示用户 i 对访问的项目评级平均值；当计算项目相似性时，M 表示同时访问过项目 i,j 的用户集合，$\bar{R}_i$ 表示这些用户对 i 的评级的平均值，皮尔逊相似度与修正余弦相似度之间的区别在于中心化的方式不同。

（二）基于用户的协同过滤

基于用户的协同过滤以用户为研究对象，利用用户对项目的访问记录计算用户之间的相似性，根据相似用户的偏好为目标用户推荐可能感兴趣的项目。如果两个用户访问的项目高度重合，那么他们就越有可能具有相同的偏好，相似性也越高。因此，用户相似度的计算是基于用户的协同过滤算法的关键。用户相似度采用相似度度量方法计算。图 3-1 给出了使用余弦相似度计算得到的用户相似度的示例，得到用户之间的两两相似性。可以看出，用户 a 和用户 c、用户 b 和用户 d 分别具有较高的相似性。

	l_1	l_2	l_3	l_4			a	b	c	d
a	4	0	2	1		a	1.00	0.21	0.99	0.53
b	1	5	0	1	$\Rightarrow$	b	0.21	1.00	0.21	0.86
c	3	0	2	1		c	0.99	0.21	1.00	0.55
d	2	4	2	0		d	0.53	0.86	0.55	1.00

图 3-1　用户相似度计算示例

对于目标用户 u，根据相似性值对其他用户进行排序，得到与用户 u 最相似的用户集合 N_u。那么，用户 u 对未访问项目 l_j 的偏好程度为：

$$p_{u,l_j} = \frac{\sum_{u_i \in N_u}^{n} sim(u,u_i) \times r_{u_i,l_j}}{\sum_{u_i \in N_u}^{n} sim(u,u_i)} \qquad (3-5)$$

式中，$sim(u,u_i)$ 为用户 u 和 u_i 的相似度；r_{u_i,l_j} 为用户 u_i 对项目 l_j 的偏好。

类似地，通过上述方法计算用户对所有未访问项目的评分，根据 p_{u,l_j} 对候选项目按照得分从高到低进行排序，向目标用户推荐前 k 个项目。

基于用户的协同过滤适用于用户数据量远大于项目数量的情况。但是，新用户的冷启动问题和数据稀疏性问题导致计算效率和伸缩性不足，难以为新用户提供个性化的推荐服务。

（三）基于项目的协同过滤

同基于用户的协同过滤不同，基于项目的协同过滤以项目为研究对象，利用用户对项目的访问记录计算项目之间的相似性，为用户推荐与历史访问项目相似的项目。如果两个项目评分高度重合，那么它们就越有可能具有相同的吸引力，相似性也越高。因此，项目相似度的计算是基于项目的协同过滤算法的关键。项目相似度采用相似度度量方法计算。图 3-2 给出了使用余弦相似度计算得到的项目相似度的示例，得到项目之间的两两相似性。可以看出，项目 l_1 和项目 l_3、项目 l_1 和 l_4 具有较高的相似性。

	l_1	l_2	l_3	l_4			l_1	l_2	l_3	l_4
l_1	4	0	2	1		l_1	1.00	0.37	0.95	0.84
l_2	1	5	0	1	$\Rightarrow$	l_2	0.37	1.00	0.36	0.45
l_3	3	0	2	1		l_3	0.95	0.36	1.00	0.67
l_4	2	4	2	0		l_4	0.84	0.45	0.67	1.00

图 3-2 项目相似度计算示例

对于目标用户 u，根据项目两两之间的相似度值，可以计算用户 u 对未访问项目 l_j 的偏好程度，计算公式为：

$$p_{u,l_j} = \frac{\sum\limits_{l_i \in I(u)}^{n} sim\left(l_j, l_i\right) \times r_{u,l_i}}{\sum\limits_{l_i \in I(u)}^{n} sim\left(l_j, l_i\right)} \qquad (3\text{-}6)$$

式中，$sim\left(l_j, l_i\right)$ 为项目 l_i 和 l_j 的相似度；r_{u,l_i} 为用户 u 对项目 l_i 的偏好。

类似地，通过上述方法计算用户对所有未访问项目的评分，根据 p_{u,l_j} 对候选项目进行排序，向目标用户推荐得分前 k 个项目。

基于项目的协同过滤适用于项目数量远大于用户数量的情况，在个性化和可解释性上优于基于用户的协同过滤，这是由于基于项目的协同过滤利用用户的历史访问记录进行推荐。但是，基于项目的协同过滤同样面临新项目的冷启动问题，新项目与其他任何项目的相似性均较低，难以将其推荐给任意用户。

二、基于模型的协同过滤

基于模型的协同过滤的基本思想是基于用户—项目评分矩阵建立学习模型，如贝叶斯模型、回归模型、矩阵分解（Matrix Factorization, MF）模型等。利用用户签到信息进行训练得到模型系数，然后预测推荐结果。随着 Netflix Prize 推荐竞赛的成功举办，Yehuda Koren 凭借矩阵分解模型夺得该比赛冠军，矩阵分解模型成为推荐领域最常用且最著名的方法之一。许多研究表明，在个性化的位置推荐中，矩阵分解模型要明显优于基于记忆的协同过滤方法。张量分解是由矩阵分解演化而来，能够根据复杂的上下文环境构建多维张量，表达更加复杂的关系。

（一）矩阵分解

矩阵分解方法对高度稀疏的用户—项目矩阵进行降维，近似地分解成两个维度较小矩阵的乘积，从而推断出用户和项目的隐含性质。在矩阵分解过程中，假设用户—项目评分矩阵 $R \in \mathbb{R}^{|U| \times |V|}$，共有 $|U|$ 个用户、$|V|$ 个项目，通过分解算法将 R 分解为低阶的用户隐向量 $U \in \mathbb{R}^{|U| \times k}$ 和项目隐向量 $V \in \mathbb{R}^{|U| \times k}$，$k$ 表示隐向量的维数，$k \ll |U|$ 且 $k \ll |V|$。矩阵分解基于以下假设，用户对项目的偏好程度主要由 k 个因素决定，用户 u_i 与向量 U_i 相关联，$U_{i,x}$ 表示第 i 个用户对第 $x \in [0,k]$ 个因素的偏好程度；项目 l_j 与 V_j 相关联，$V_{j,x}$ 表示第 j 个项目满足第 $x \in [0,k]$ 个因素的偏好程度，拥有正向或负向的特征；$V_{i,j}$ 表示用户 i 对项目 j 的最终偏好程度。在计算用户对项目的偏好得分时，不再使用原始的维度较大的用户—项目矩阵，而是使用分解后得到的两个小矩阵。用户 u_i 在 l_j 的偏好得分可以通过以下两个向量的乘积计算获得：

$$\hat{r}_{i,j} = U_i V_j^{\mathrm{T}} \qquad (3-7)$$

用户隐向量和项目隐向量的计算是矩阵分解中的主要挑战，早期的研究中采用奇异值分解（Singular Value Decomposition, SVD）对用户—项目矩阵进行分解。然而，由于用户—项目矩阵的高度稀疏性增加了隐向量的学习难度，传统的基于奇异值分解的方法通过计算矩阵中的缺失值使评级矩阵稠密。但是，这种计算可能会在一定程度上扭曲数据，导致学习到的潜在向量不能准确地代表用户的偏好或项目的特征。因此，最近的研究倾向于直接对观察到的评分进行建模，即最小化已知评分的正则化平方误差：

$$L = \frac{1}{2} \sum_{r_{i,j} \in R} I_{i,j} \left(r_{i,j} - U_i V_j^{\mathrm{T}} \right)^2 + \frac{\lambda_u}{2} \|U\|_F^2 + \frac{\lambda_l}{2} \|V\|_F^2 \qquad （3-8）$$

式中，$I_{i,j}$ 为指示函数，如果用户 u_i 在 l_j 有评分，则为 1，否则为 0；λ_u、λ_l 分别为控制用户和项目正则化项的参数；$\| \ \|_F^2$ 表示弗罗贝尼乌斯范数（Frobenius norm）。

在确定了目标函数后，需要通过优化算法找到能使目标函数最小的参数来避免过度拟合已知的评分。随机梯度下降（Stochastic Gradient Descent, SGD）和交替最小二乘（Alternating Least Squares, ALS）常用来学习式（3-8）中的隐向量。虽然有一些研究试图将社交网络中其他上下文信息纳入矩阵分解，但很难嵌入非结构化的信息，如文本、图片信息等。

（二）张量分解

矩阵分解的核心是利用矩阵结构来表达用户和项目间的相互关系，例如评分、点击、购买等，在位置推荐领域表现为签到或访问行为。在这种二元模式下，矩阵是最好的表达用户和项目之间关系的数据结构之一。然而，在真实的场景中，用户和项目的关系以及产生这种关系的环境是复杂的。一个矩阵并不能完全描述所有的变量。例如，用户对于某个项目的评分是发生在某个地点和时间段内。这种"上下文关系"往往会对评分产生很大的影响。然而，矩阵无法捕捉这种上下文关系。张量是矩阵的扩展，可以实现 N 维关系的建模。

理论上，在 N 维关系中，可以对任意多种上下文关系进行建模。例如，可以为用户、项目和时间构建一个三维的张量。三维张量中的每一个元素代表着某一个用户对于某一个项目在某一个时间段的评分。然而，张量分解比矩阵分解更加复杂。与矩阵分解不同，张量分解有不同的分解形式，发展出了不同的分解模型和算法，如 CP 分解和 Tucker 分解。国内外研究学者在 CP 分解和 Tucker 分解的基础上，提出了很多改进算法。如非负张量分解（Nonnegative Tensor Decomposition, NTD）算法。

1. CP 分解

图 3-3 给出了 CP 分解模型示例。CP 分解的思想是将原始张量分解成若干个秩为 1 的张量和，矩阵的个数等于张量的维数。给定一个三阶张量 $X \in F^{d_1 \times d_2 \times d_3}$，$F$ 是 $\mathbb{R}$ 或 $\mathbb{C}$，CP 分解的公式如下：

$$X = \sum_{i=1}^{k} a_i \circ b_i \circ c_i \qquad (3-9)$$

式中，k 为正整数，$a_i \in \mathbb{R}^{d_1}$，$b_i \in \mathbb{R}^{d_2}$，$c_i \in \mathbb{R}^{d_3}$，$i \in [1, k]$。

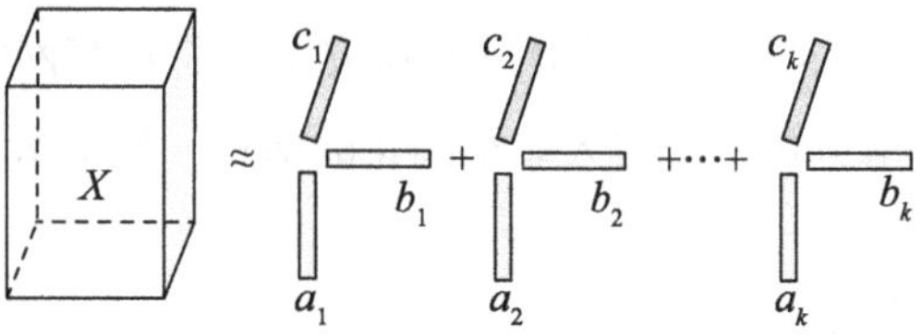

图 3-3 CP 分解模型

CP 分解可以扩展到任意维度，也可以采用矩阵形式表示，每个维度对应一个因子矩阵。为了使 CP 分解结果具有唯一性，可以通过一个常数因子向量将因子矩阵的所有列向量进行归一化。因此，给定张量 $X \in F^{d_1 \times d_2 \times \cdots \times d_N}$，CP 分解也可以表示为：

$$X \approx \llbracket \lambda, A^{(1)}, A^{(2)}, \cdots, A^{(N)} \rrbracket = \sum_{i=1}^{k} \lambda_i a_i^{(1)} \circ a_i^{(2)} \circ \cdots \circ a_i^{(N)} \qquad (3-10)$$

式中，$\lambda \in \mathbb{R}^k$，$A^{(N)} \in \mathbb{R}^{d_n \times k}$，$n \in [1, N]$ 表示张量的维度。

CP 分解求解时需要确定张量的秩，秩太小会造成信息损失，太大会导致信息冗余，增加了计算复杂度。文献研究发现秩的选取具有一定的规律，$k > \min\left(d_n \| n \in N\right)$。最后，构建分解目标函数：

$$\min_{\hat{X}} \left\| X - \hat{X} \right\| \tag{3-11}$$

目标函数的意图是使预测值和真实值之间的差别达到最小。可以采用随机梯度下降和交替最小二乘进行求解。

2. Tucker 分解

图 3-4 给出了 Tucker 分解模型示例。Tucker 分解将原始张量分解成一个核心张量和若干个矩阵的乘积，矩阵的个数等于张量的维数。给定一个三阶张量 $X \in F^{d_1 \times d_2 \times d_3}$，$F$ 是 $\mathbb{R}$ 或 $\mathbb{C}$，Tucker 分解的公式如下：

$$X = G \times_1 A \times_2 B \times_3 C$$
$$= \sum_{p=1}^{P} \sum_{q=1}^{Q} \sum_{r=1}^{R} g_{pqr} a_p \circ b_q \circ c_r \tag{3-12}$$

式中，$G \in F^{P \times Q \times R}$ 为核心张量；$A \in F^{d_1 \times P}, B \in F^{d_2 \times Q}, C \in F^{d_3 \times R}$，为因子矩阵，分别视为原始矩阵在每一个维度上的投影向量。

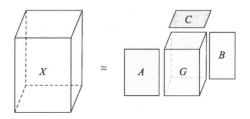

图 3-4 Tucker 分解模型

Tucker 分解可以扩展到任意维度，给定张量 $X \in F^{d_1 \times d_2 \times \cdots \times d_N}$，其一般公式如下：

$$X = G \times_1 A^{(1)} \times_2 A^{(2)} \cdots \times_N A^{(N)} \tag{3-13}$$

从式（3-13）可以看出，当核心张量 G 为对角张量，且 $P = Q = R$ 时，则 Tucker 分解就变成了 CP 分解，CP 分解是 Tucker 分解的特殊形式。

CP 分解出来的三个矩阵的隐向量的维度是一样的，减少了需要调整的参数的个数。

张量的 Tucker 分解可通过高阶正交迭代（High-order Orthogonal Iteration, HOOI）、高阶奇异值矩阵（High Order Singular Value Decomposition, HOSVD）等算法实现。而在求解 Tucker 时，Tucker 分解的结果不保证具有唯一性，因此一般加上约束，如给分解得到的因子添加正交约束、稀疏约束、平滑约束、非负约束、统计独立性约束等。

假定对因子矩阵作正交化约束，则 Tucker 分解的目标函数可以表示为：

$$\min_{G, A^{(1)}, A^{(2)}, \cdots, A^{(N)}} \left\| G; A^{(1)}, A^{(2)}, \cdots, A^{(N)} \right\| \qquad (3-14)$$

式中，$G \in F^{J^{(1)} \times J^{(2)} \times \cdots \times J^{(N)}}$，$A^{(n)} \in F^{d_n \times J_n}$，因子矩阵满足正交性，即 $A^{(n)} A^{(n)\mathrm{T}} = I$。

求解过程和 CP 分解一样，首先将核心张量视为不变量，分别求解每一个因子矩阵 $A^{(n)}$。求解完所有因子矩阵后，将原始张量和因子矩阵作为已知变量，求解核心张量。

第二节　混合推荐方法

混合推荐的目的是将多种推荐算法的优点相结合，有效地规避单个推荐算法的缺陷，从而可以获得更好的推荐效果。加权法、切换法、混杂法和级联法是几种常用的混合技术。

一、加权法

将多种推荐技术的计算结果加权。最简单的方式是线性加权，线性加权的思想是：首先将两种或多种不同推荐方法产生的推荐结果赋予相同的权重值，然后调整权重，比较用户对项目的评价与系统的预测是否相符，直到获得最佳推荐结果。加权法的特点是整个推荐系统性能都直接与推荐过程相关，容易分配和调整相应模型。在使用加权法融合推荐结果之前，需要将不同推荐技术获得的得分进行处理，保持在一个范围内。给定用户 u，采用加权法得到项目 l 的得分为：

$$r_{\text{weight}}(u,l) = \sum_{k=1}^{n} \beta_k \times r_k(u,l) \qquad (3-15)$$

式中，$r_k(u,l)$ 为采用第 k 个推荐技术计算得到的用户 u 对 l 的得分；β_k 为 r_k 的系数，$\beta_k \in (0,1)$。

二、切换法

根据应用场景和实际情况决定采用哪种推荐技术。对于两种或两种以上不同的推荐技术，选择可信度高的模型作为结果。由于需要根据各种情况比较转换标准，所以切换法会增加算法的时间复杂度或空间复杂度。切换法的优点是对各种推荐技术的优点和弱点比较敏感。给定用户 u，采用切换法得到项目 l 的得分为：

$$\exists_1\, k:1,2,\cdots,n \ \text{s.t.}\ r_{\text{switching}}(u,l) = r_k(u,l) \qquad (3-16)$$

式中，$r_k(u,l)$ 为采用第 k 个推荐技术计算得到的用户 u 对 l 的得分。

三、混杂法

将多个推荐方法产生的结果进行混合，作为一个整体全部推荐给用户。由于不同算法推荐结果可能不同，可以将不同算法预测的得分统一到一个可以比较的范围，再进行排序。给定用户 u，采用混杂法得到项目 l 的得分为：

$$r_{mixed}(u,l) = \bigcup_{k=1}^{n} r_k(u,l) \qquad\qquad (3\text{--}17)$$

式中，$r_k(u,l)$ 为采用第 k 个推荐技术计算得到的用户 u 对 l 的得分。

四、级联法

将一种推荐方法产生的模型作为另一种推荐方法的输入。其优点是可以优化上一个推荐方法的结果或者剔除不合适的结果，不会增加新的项目。给定用户 u，采用级联法得到项目 l 的得分为：

$$r_{cascade}(u,l) = r_n(u,l) \ \forall \ 2 \leqslant k \leqslant n, \ r_k(u,l) \subseteq r_{k-1}(u,l) \qquad (3\text{--}18)$$

式中，$r_k(u,l)$ 为采用第 k 个推荐技术计算得到的用户 u 对 l 的得分；n 表示参与级联的推荐算法个数。

第三节　地理特征学习方法

地理特征是 LBSNs 中推荐系统区别于传统推荐的主要特征之一，是用户偏好分析和位置推荐的重要影响因素。有效地发掘和利用用户与位置的地理特征对提高推荐性能起到重要作用，但目前尚未得到系统的总结和研究。由于兴趣点的位置信息能够显著影响用户的签到行为，很多研究者通过构建地理影响矩阵和地理建模的方式将地理信息整合到位置推荐模型中。本节对 LBSNs 中地理特征的学习进行总结，通过地理因子矩阵和地理分析模型两种方式进行详细介绍。其中，地理因子矩阵常作为另一种推荐方法的输入应用到推荐模型中，幂律模型、多中心高斯模型和核密度模型是几种常用的地理信息建模方法，通常作为输入或结果与其他建模方法相结合。

一、地理因子矩阵

研究学者主要通过构造地理因子矩阵，将地理信息应用到矩阵分解和深度学习等模型中实现位置推荐。根据不同的构建方式也称为地理关联矩阵、地理距离矩阵、地理影响矩阵和地理间隔矩阵等。给定位置集合 $L = \{l_1, l_2, \cdots, l_n\}$，地理因子矩阵 $M \in \mathbb{R}^{n \times n}$，$M_{jk}$ 表示矩阵中第 j 行第 k 列的元素，下面对 M 的几种构建方式进行总结说明：

（1）根据共同访问用户数：

$$M_{jk} = \begin{cases} \dfrac{\left| U(l_j) \cap U(l_k) \right|}{\left| U(l_j) \cup U(l_k) \right|} + \varepsilon, & \text{if } l_j \in N(l_k) \text{ or } l_k \in N(l_j) \\ 0, & \text{otherwise} \end{cases} \qquad (3\text{-}19)$$

式中，$N(l_k)$ 为距离 l_k 最近的 N 个位置集合；ε 为一个值很小的常数，用来保证每个位置直接或间接地连接到其他位置。

（2）根据距离阈值：

$$M_{jk} = \begin{cases} 1, & \text{if } d(l_j, l_k) \leqslant \theta \\ 0, & \text{if } d(l_j, l_k) > \theta \end{cases} \qquad (3\text{-}20)$$

式中，$d(l_j, l_k)$ 为 l_j 到 l_k 的距离；θ 为距离阈值。

（3）根据距离反比：

$$M_{jk} = \begin{cases} d(l_j, l_k)^{-1}, & \text{if } l_j \in N(l_k) \text{ or } l_k \in N(l_j) \\ 0, & \text{otherwise} \end{cases} \qquad (3\text{-}21)$$

式中，$N(l_k)$ 为距离 l_k 最近的 N 个位置集合；$d(l_j, l_k)$ 为 l_j 到 l_k 的距离。

（4）根据高斯分布：

$$M_{jk} \in \frac{1}{\sigma} K \left[\frac{d(l_j, l_k)}{\sigma} \right] \qquad (3\text{-}22)$$

式中，$d\left(l_j,l_k\right)$ 为 l_j 到 l_k 的距离；σ 为距离的标准差。

二、地理分析模型

（一）幂律分布

用户签到活动存在地理聚类现象，已有研究表明签到概率可能遵循幂律分布。给定用户 u，其访问过的位置集合 $L_u=\{l_1,l_2,\cdots,l_n\}$，利用幂律分布对同一用户访问的两个位置之间的距离进行签到概率建模，计算公式如下：

$$r=a\times d\left(l_i,l_j\right)^b, \quad l_i,l_j\in L_u \qquad (3-23)$$

式中，a、b 为幂律分布的参数；$d\left(l_i,l_j\right)$ 为用户访问过的两个位置 l_i 和 l_j 的距离；r 为签到概率。可以采用最小二乘法计算 a 和 b 的最优解。

（二）多中心高斯模型

Cheng 等通过分析用户的历史访问位置，发现用户的签到符合多中心分布。用户通常访问几个重要的位置，例如家、公司、商店或者酒吧，但很少访问其他的位置。签到地点的一个显著特征是，用户倾向于访问中心（即最受欢迎的 POIs）周围的地点，并假设签到地点在每个中心都服从高斯分布。这说明，用户的签到行为和地理信息有很强的关系。中心点可以通过聚类算法获得。给定用户 u，中心点集合 C_u，在多中心高斯模型下，用户 u 访问位置 l 的可能性为：

$$P\left(l|C_u\right)=\sum_{c_u=1}^{|C_u|}P\left(l\in c_u\right)\cdot\frac{f_{c_u}^{\alpha}}{\sum_{i\in c_u}f_i^{\alpha}}\cdot\frac{N\left(l|\mu_{c_u},\sum_{c_u}\right)}{\sum_{i\in c_u}N\left(l|\mu_{c_u},\sum_i\right)} \qquad (3-24)$$

式中，$P\left(l\in c_u\right)\propto 1/dist\left(l,c_u\right)$ 为位置 l 属于中心 c_u 的概率，它和 l 到

c_u 的距离成反比；$\dfrac{f_{c_u}^{\alpha}}{\sum_{i\in c_u} f_i^{\alpha}}$ 为 c_u 的签到频率的归一化，$\alpha \in (0,1]$ 用来保

持频率特性；$\dfrac{N\left(l\,\middle|\,\mu_{c_u},\sum_{c_u}\right)}{\sum_{i\in c_u} N\left(l\,\middle|\,\mu_{c_u},\sum_i\right)}$ 为位置 l 属于 c_u 的可能性（标准化），

$N\left(l\,\middle|\,\mu_{c_u},\sum_{c_u}\right)$ 为高斯分布的密度函数，μ_{c_u} 和 $\sum_{c_u}$ 分别为均值和 c_u 的协

方差矩阵。

（三）核密度估计

前文中分析了核密度估计方法在建模用户签到位置的优越性。1D-KDE、2D-KDE 和 A-KDE 已被广泛应用到位置推荐中，且取得了较好的推荐性能。给定用户 u，其访问过的位置集合 $L_u = \{l_1, l_2, \cdots, l_n\}$，下面对核密度估计模型的几种构建方式进行总结说明。

1. 1D-KDE

1D-KDE 对用户访问的任意一对位置之间的距离进行个性化分布建模，可以用于任意分布，并且不需要假设距离分布的形式是已知的。可以通过计算用户签到的每一对位置之间的距离来获取样本，因为 LBSNs 中的每一个签到都与其用户的身份和位置（即经纬度坐标）相关。给定用户 u，其访问过的位置集合 $L_u = \{l_1, l_2, \cdots, l_n\}$，$D = \left\{d\left(l_i, l_j\right)\middle|\forall l_i, l_j \in L_u\right\}$ 为用户 u 已访问过的位置之间的距离样本集合，距离 $d\left(l_i, l_k\right)$ 在 D 上的核密度估计为：

$$\widehat{f}\left(d\left(l_i, l_k\right)\right) = \frac{1}{|D|h}\sum_{d'\in D} K\left(\frac{d\left(l_i, l_k\right) - d'}{h}\right) \tag{3-25}$$

$$K(x) = \frac{1}{\sqrt{2\pi}}e^{-\frac{x^2}{2}} \tag{3-26}$$

$$h = \left(\frac{4\widehat{\sigma}^5}{3n}\right)^{\frac{1}{5}} \approx 1.06\widehat{\sigma}n - \frac{1}{5} \tag{3-27}$$

式中，$K(x)$ 为高斯核函数。h 为平滑参数，也被称为带宽。$d(l_i, l_k)$ 表示两个兴趣点 l_i 和 l_k 之间的距离，$\hat{\sigma}$ 为样本 D 的标准差。值得注意的是，核函数和带宽计算方式不唯一，此处以高斯核函数为例。距离计算方式可以根据实际情况选择合适的计算方式，当签到点空间分布范围较小时，可以采用欧氏距离；当空间分布范围较大时，采用大圆距离比欧氏距离更准确；当具有比较精确的道路网数据时，也可以采用最短路径距离计算。

最终，用户 u 访问新位置 l_k 的可能性可以通过概率分布均值获得：

$$p(l_k | L_u) = \frac{1}{n} \sum_{i=1}^{n} \hat{f}(d_{ik}) \tag{3-28}$$

2. 2D-KDE

2D-KDE 对每个用户在经纬度坐标上的二维签到概率分布建模。PD、MGM 和 1D-KDE 对一维距离进行建模，很难找到一个参考位置来推导出新位置到参考位置的合理距离，二维签到概率分布比一维距离分布更合理和直观。给定用户 u，其访问过的位置集合 $L_u = \{l_1, l_2, \cdots, l_n\}$，$u$ 访问新位置 l_k 的可能性为：

$$p(l_k | L_u) = \frac{1}{nh^2} \sum_{i=1}^{n} K\left(\frac{l_k - l_i}{h}\right) \tag{3-29}$$

式中，每个位置 $l_i = (lat_i, lon_i)^T$ 是一个由经度和纬度组成的二维列向量。$K(\bullet)$ 为核函数，h 为平滑参数，也被称为带宽。可以采用广泛使用的标准二维核（二维高斯核）：

$$K(x) = \frac{1}{2\pi} \exp\left(-\frac{1}{2} x^T x\right) \tag{3-30}$$

$$h = n^{-\frac{1}{6}} \sqrt{\frac{1}{2} \hat{\sigma}^T \hat{\sigma}} \tag{3-31}$$

式中，$\hat{\sigma} = [\hat{\sigma}_x, \hat{\sigma}_y]$ 为经度和纬度值的标准差向量。值得注意的是，核函数和带宽的计算方式不唯一，此处以二维高斯核函数为例。

3. A–KDE

1D–KDE 和 2D–KDE 是固定带宽下的核密度估计。然而，固定的带宽不能真实地反映用户的签到，例如人口密集的城市签到密度较高，而人口稀少的农村地区签到密度较低。针对每个签到位置调整带宽，并从签到数据中学习自适应带宽。自适应的核密度虽然能确定每个用户签到位置的个性化签到分布，但其时间复杂度较高。

首先，计算固定带宽的核密度估计以找到导频估计。令 $L_u = \{l_1, l_2, \cdots, l_n\}$ 为用户 u 访问过的 POI。用户 u 在未访问过的位置 l 的导频估计的签到分布为：

$$\tilde{f}\left(l_k \mid L_u\right) = \frac{1}{N} \sum_{i=1}^{n} \left[r_{u,l_i} \bullet K_H\left(l_k - l_i\right)\right] \tag{3-32}$$

$$K_H\left(l_k - l_i\right) = \frac{1}{2\pi H_1 H_2} \exp\left[-\frac{\left(x_k - x_i\right)^2}{2H_1^2} - \frac{\left(y_k - y_i\right)^2}{2H_2^2}\right] \tag{3-33}$$

式中，$K_H\left(l_k - l_i\right)$ 为固定带宽的核密度函数，带宽由两个全局带宽 (H_1, H_2) 组成，分别为经度和纬度。r_{u,l_i} 为用户 u 在位置 l_i 的签到概率，$N = \sum_{i=1}^{n} r_{u,l_i}$。

$$H_1 = 1.06n^{-\frac{1}{5}} \sqrt{\frac{1}{N} \sum_{i=1}^{n} r_{u,l_i}\left(x_i - \frac{1}{N} \sum_{j=1}^{n} r_{u,l_j} \bullet x_j\right)^2} \tag{3-34}$$

$$H_2 = 1.06n^{-\frac{1}{5}} \sqrt{\frac{1}{N} \sum_{i=1}^{n} r_{u,l_i}\left(y_i - \frac{1}{N} \sum_{j=1}^{n} r_{u,l_j} \bullet y_j\right)^2} \tag{3-35}$$

其次，计算每个位置 l_i 的局部带宽。

$$h_i = \left[g^{-1} \bullet \tilde{f}_{Geo}\left(l_i \mid u\right)\right]^{-\alpha} \tag{3-36}$$

$$g = \sqrt[n]{\prod_{i=1}^{n} \tilde{f}_{Geo}\left(l_i \mid u\right)} \tag{3-37}$$

式中，α 为敏感度参数，$0 \leqslant \alpha \leqslant 1$，$\alpha$ 越大，局部带宽 h_i 对 $\tilde{f}_{Geo}(l \mid u)$ 越敏感，g 为几何平均数，h_i 的约束条件是 $h_i(i = 1, 2, \cdots, n)$ 的几何平均数为 1。

最后，基于公式的全局带宽 $H = (H_1, H_2)$ 和自适应局部带宽 h_i，得到自适应的核密度估计：

$$p\left(l_k \mid L_u\right)=\frac{1}{N}\sum_{i=1}^{n}\left(r_{u,l_i}\bullet K_{Hh_i}\left(l_k-l_i\right)\right) \tag{3-38}$$

$$K_{Hh_i}\left(l_k-l_i\right)=\frac{1}{2\pi H_1 H_2 h_i^2}\exp\left[-\frac{\left(x_k-x_i\right)^2}{2H_1^2 h_i^2}-\frac{\left(y_k-y_i\right)^2}{2H_2^2 h_i^2}\right] \tag{3-39}$$

第四节　位置推荐算法评测指标

推荐算法的性能评估能够帮助人们直观地对比不同推荐算法的优劣，从而快速评测出哪个推荐算法或模型的性能更好。位置推荐中的性能评估一般是根据预先定义的评测指标，计算各推荐算法的指标值，按照指标大小对比各推荐算法的推荐效果。LBSNs 中推荐算法常见的性能评价指标主要分为三类：预测精度指标、分类精度指标和排序精度指标。①预测精度指标，包括均方根误差（Root Mean Squared Error, RMSE）和平均绝对误差（Mean Absolute Error, MAE）；②分类精度指标，包括准确率（Precision）、召回率（Recall）、F1 分数（F1-Score）等；③排序精度指标，包括折扣累计利益（Discounted Cumulative Gain, DCG）、平均准确率（Mean Average Precision, MAP）、平均倒数排名（Mean Reciprocal Rank, MRR）等。需要说明的是，不同类型的指标衡量一个推荐算法的不同方面，需要根据不同的推荐场景选择合适的推荐指标，一个推荐算法不一定在所有指标上都优于其他算法。在算法评价中，一般选择两到四种评价指标来比较不同算法之间的性能。

一、预测精度指标

预测精度指标一般适用于评分预测（rating prediction）的推荐场景，

即具有评分的推荐系统。例如电影推荐（MovieLens）、书籍评分（豆瓣）和餐厅评分（Yelp）等。RMSE 和 MAE 是两种常用的度量预测评分和真实评分距离的评价指标。给定用户 u，其 RMSE 和 MAE 的计算方式如下：

$$\text{RMSE} = \sqrt{\frac{1}{n}\sum_{i=1}^{n}\left(\hat{r}_{u,i} - r_{u,i}\right)^2} \tag{3-40}$$

$$\text{MAE} = \frac{1}{n}\sum_{i=1}^{n}\left(\hat{r}_{u,i} - r_{u,i}\right)^2 \tag{3-41}$$

式中，$\hat{r}_{u,i}$ 为用户 u 对项目 i 的预测评分；$r_{u,i}$ 为用户 u 对项目 i 的真实评分；RMSE 和 MAE 值越低，则预测精度越高。

评分预测场景下需要用户对项目的显式偏好的反馈，例如用户对于电影或书籍的具体喜欢程度。然而，由于大部分场景下很难获取用户对物品的评分或偏好得分，只能够获得用户的隐式反馈信息（即用户浏览记录、购买记录或者观看记录等）。因此，预测精度指标在位置推荐系统中受应用场景的限制。

二、分类精度指标

分类精度指标一般适用于 Top-k 推荐的应用场景。Top-k 推荐场景通过用户的隐式反馈信息给用户推荐一个可能感兴趣的列表。分类精度指标则是根据推荐的排序列表，利用用户真实签到记录进行评估。在信息检索领域，准确率和召回率也被称为查准率和查全率。在进行算法比较时，采用所有用户的准确率、召回率和 $F1$ 分数的平均值进行对比。给定用户 $u \in U$，T_u 为用户在测试集中访问的项目集合，$R_u(k)$ 为通过算法计算得到的推荐列表，$|U|$ 为用户数量。三类常用的分类精度指标，即准确率、召回率和 $F1$ 分数的计算方式如下。

准确率表示在 Top-k 个推荐列表中，用户在测试集中真实访问过的百分比。准确率越高，则推荐列表中被用户真实签到过的兴趣点比例越高，说明推荐效果越好。准确率的计算公式如下：

$$\text{Precision}_u @ k = \frac{\left| R_u(k) \cap T_u \right|}{\left| R_u(k) \right|}$$ （3-42）

$$\text{Precision} @ k = \frac{\text{Precision}_u @ k}{|U|}$$ （3-43）

召回率表示测试数据集中的签到出现在 Top-k 个推荐列表中的百分比。召回率越高，则测试集中被准确推荐的兴趣点比例越高，说明推荐效果越好。召回率的计算公式如下：

$$\text{Recall}_u @ k = \frac{\left| R_u(k) \cap T_u \right|}{\left| T_u \right|}$$ （3-44）

$$\text{Recall} @ k = \frac{\text{Recall}_u @ k}{|U|}$$ （3-45）

$F1$ 分数是准确率和召回率的调和平均数，取值范围为 [0,1]。当两个模型在准确率和召回率上表现得不一致时，可以采用 $F1$ 分数作为最终测评的方法。$F1$ 分数的计算公式如下：

$$F1 - score_u @ k = \frac{2\text{Precision}_u @ k \times \text{Recall}_u @ k}{\text{Precision}_u @ k + \text{Recall}_u @ k}$$ （3-46）

$$F1 - score @ k = \frac{F1 - score_u @ k}{|U|}$$ （3-47）

式中，k 表示推荐列表的长度，$\text{Precision}_u @ k$、$\text{Recall}_u @ k$ 和 $F1 - score_u @ k$ 分别表示单个用户 $u \in U$ 的准确率、召回率和 $F1$ 分数。$\text{Precision} @ k$、$\text{Recall} @ k$ 和 $F1 - score @ k$ 分别表示所有用户的准确率、召回率和 $F1$ 分数的平均值。

三、排序精度指标

排序精度指标是用来衡量推荐列表中排序质量的指标，一般适用于位置推荐中序列推荐的应用场景。这三个指标最初应用于信息检索领域，是衡量检索排序性能的评价指标（例如搜索引擎的结果排序）。三类常用的排序精度指标，即 DCG、MAP 和 MRR 的计算方式如下。

折扣累计利益假设用户喜欢的物品排在推荐列表前面比排在后面更能增加用户体验。DCG 的值越大，说明推荐列表的排序结果越好。DCG 的计算公式如下：

$$DCG @ k = \sum_{i=1}^{k} \frac{rel(i)}{\log_b(k+1)} \qquad (3-48)$$

式中，k 表示推荐列表的长度，$rel(i)$ 表示用户是否签到过排在第 i 个的项目，若签到过，则取 1，否则取 0。分子表示第 i 个推荐项目的收益，排名越靠前的推荐项目收益越高。

平均准确率表示用户在不同召回率上准确率的平均值，解决准确率和召回率中存在的单点值局限性问题。MAP 的值越大，说明推荐列表的排序结果越好。MAP 的计算公式如下：

$$MAP @ k = \frac{1}{|U|} \sum_{u=1}^{U} \frac{1}{m} \sum_{i=1}^{k} p(i) \cdot rel(i) \qquad (3-49)$$

式中，k 为推荐列表的长度，$|U|$ 为用户数量，m 为实际签到的位置数量，$p(i)$ 为前 i 个推荐的准确率，$rel(i)$ 表示用户是否签到过排在第 i 个的项目，若签到过，则取 1，否则取 0。可以看出，平均准确率可以表示所有用户在不同召回率上准确率的平均值。

平均倒数排名表示用户的正确推荐结果在推荐列表中排名的倒数的均值。MRR 的值越大，说明推荐列表的排序结果越好。MRR 的计算公式如下：

$$MRR @ k = \frac{1}{|U|} \sum_{u=1}^{U} \frac{1}{rank_u} \qquad (3-50)$$

式中，k 为推荐列表的长度，$|U|$ 为用户的数量，$rank_u$ 为对于第 u 个用户，推荐列表中第一个在真实结果中的项目所在的排列位置。

4

第四章

上下文信息支持的用户签到特征分析

　　用户签到特征分析旨在发掘用户签到数据背后潜在的模式或者规律，从而更好地对用户的签到行为进行建模，进而进行个性化的位置服务。因此，本章基于 Foursquare、Gowalla、Yelp 三个公开的签到数据集，从地理特征、时间特征、类别特征和社交特征四个方面，综合利用空间分析方法和统计学方法对用户的历史签到数据进行分析，从而发掘用户的活动偏好和签到模式，并为本书个性化位置推荐模型的设计提供分析支持。

第一节　上下文信息

Villegas 等对上下文信息进行了如下定义：任何有助于体现一个实体特征的信息，这些信息可能会影响用户与系统进行交互的方式。如何利用这些上下文信息更好地进行推荐是研究者一直追寻的目标。Adomavicius 等描述了五大类上下文信息，包括个人、位置、时间、活动和关系。

（1）个人上下文信息。从用户或项目（兴趣点）观察到的信息。分为自然、用户、人工和实体群组。自然上下文信息表示自然发生的实体的特征，即没有人为干预（如天气信息）；用户上下文信息描述了用户行为和偏好（如用户支付偏好）；人工上下文信息描述了人为操作或技术过程（如电子商务平台中使用的硬件和软件配置）导致的实体；实体群组涉及共享共同特征的独立主题群组，并且这些独立主题群组可能彼此相关（如用户的社交网络中的用户偏好）。

（2）位置上下文信息。与用户实体活动相关的位置（如用户居住的城市）。包括物理位置（如用户位置的坐标，电影院的位置或从客户当前位置到达电影院的方向）以及虚拟位置（如计算机的 IP 地址）。

（3）时间上下文信息。对应于一天中的时间、当前时间、一周中的某天以及一年中的季节等信息。包括有限时间的上下文和无限时间的上下文。有限时间的上下文具有特定开始点和结束点；无限时间的上下文是指在发生另一种情况时发生的经常性事件，没有明确的持续时间（如用户会话）。

（4）活动上下文信息。用户执行的任务（如用户在特定时间执行的任务），在 LBSNs 中可以用类别表示。

（5）关系上下文信息。用户之间的人际关系或者功能（一个实体对另一个实体的使用）。

将上下文信息应用到位置推荐过程中，可以称为上下文信息支持的位置推荐。因此，上下文信息支持的位置推荐的任务就是基于用户的签到行为，利用用户的签到记录及其签到行为过程中产生的上下文信息，即签到时间信息、签到地理信息、活动类别、社会关系等生成一个推荐对象的 Top-k 列表展示给目标用户，这个列表是用户未来最有可能签到的位置列表。

丰富的上下文信息既为兴趣点推荐带来了挑战，也带来了机遇。在此基础上，本书基于现有的研究工作，从地理、时间、类别和社交特征四个方面对用户签到偏好进行实例分析，并在第五、第六、第七章进一步研究如何融合并建模这四种上下文信息进行位置推荐。

第二节　地理特征分析

为了进一步探究用户签到行为的空间模式，分别从公开数据集 Foursquare、Gowalla 和 Yelp 中选取了一个用户的签到记录，从用户签到的空间分布、签到之间的距离分布和签到概率密度三个方面分析用户签到的地理特征。

（1）用户签到的空间分布。每个用户的签到行为模式在空间上是不同的，例如，一些用户仅在某个街区或某一城市范围内活动，签到距离和时间差别不大；而一些用户的签到轨迹分布在若干个城市或国家，签到距离和时间会发生较大的差异。因此，对全部用户采用相同的分布模式进行建模是不恰当的，需要对单个用户进行个性化建模。

（2）签到之间的距离分布。图 4-1 表示 Foursquare、Gowalla、Yelp
数据集中用户的任意两个签到点之间距离的累积分布函数（Cumulative
Distribution Function, CDF）。图 4-2 表示 Foursquare、Gowalla、Yelp 数
据集中用户的任意两个连续签到点之间距离的累积分布函数。给定地理
距离 d 千米，CDF 曲线中每个纵坐标值表示用户访问过的两个兴趣点之
间的距离小于等于 d 千米的情况占用户所有任意两个签到数量的比例，见
下式。

$$p = \frac{\left|\left\{d\left(l_i, l_j\right) \leqslant \theta \middle| \forall l_i \in L_u, l_j \in L_u, u \in U\right\}\right|}{\left|\left\{d\left(l_i, l_j\right) \middle| \forall l_i \in L_u, l_j \in L_u, u \in U\right\}\right|} \quad (4\text{-}1)$$

式中，U 为所有的用户集合，L_u 为用户的签到集合，l_i、l_j 为用户 u 的任
意两次签到。

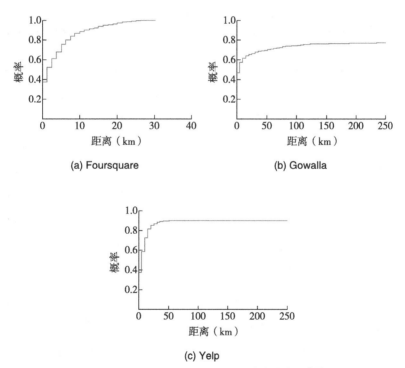

(a) Foursquare　　　　　(b) Gowalla

(c) Yelp

图 4-1　Foursquare、Gowalla、Yelp 数据集中用户的
任意两个签到点之间距离的累积分布函数

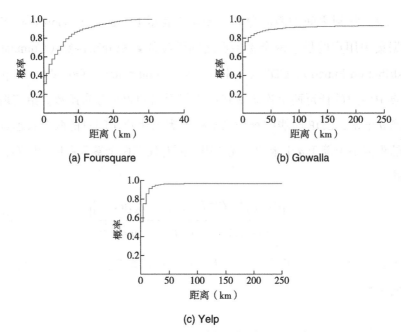

图 4-2　Foursquare、Gowalla、Yelp 数据集中用户的任意两个连续签到点之间距离的累积分布函数

　　从图 4-1 中可以看出，用户的签到行为在空间上呈现出高度的集聚性，这说明用户的大部分签到发生在他们曾经签到过的兴趣点附近。由于 Foursquare 数据集地理范围小，有 84% 以上的签到距离小于 10 km。同 Foursquare 数据集不同，Gowalla 和 Yelp 数据集中用户的签到地理范围跨度较大，用户通常会跨国家或城市签到，因此 CDF 曲线到 50 km 之后就增长缓慢，图 4-1(b)、图 4-1(c) 仅截取了小于 250 km 的范围。可以发现，Gowalla 数据集中仍有 59% 的签到距离小于 15 km，Yelp 数据集中仍有 72% 的签到距离不超过 10 km。这也能够表明用户签到在空间上的集聚性，兴趣点间的距离越近，签到概率越大。

　　下面结合图 4-2 对三个数据集进行分析，在 Foursquare 数据集中，有 67% 的连续签到距离小于 5 km，有 86% 以上的连续签到距离小于 10 km；在 Gowalla 数据集中，有 67% 的连续签到距离小于 5 km，有 76% 的连续签到距离小于 10 km；在 Yelp 数据集中，有 55% 的连续签到距离小于 5 km，有 75% 的连续签到距离不超过 10 km，这说明用户的两次连续签到之间的距离值分布在一定的范围之内，用户的当前签到可能会影响到其下一次签到的位置，下一次签到可能在当前签到的附近。其次，三个数据集相比，Foursquare和Gowalla数据集连续签到距离集聚的情况更明显。

（3）签到概率密度。图4-3表示采用二维高斯核函数绘制的用户签到的概率密度图，将签到数量拟合为一个光滑的曲面，用户访问频率越高的位置和区域峰值越高。可以看出，每个用户概率密度图的峰值大小、数量和分布存在差异，且具有多中心性。用户1和用户3的签到地理范围较小，主要集中在一个城市，而用户2的签到分布地理范围大，分布在多个城市。因此，用户的签到行为在地理上呈现出高度集聚性和区域性，用户的签到概率密度通常是多模态的，而不是单模态或单调的。在二维空间上对用户的个性化签到行为进行建模更加具有直观性和可解释性。

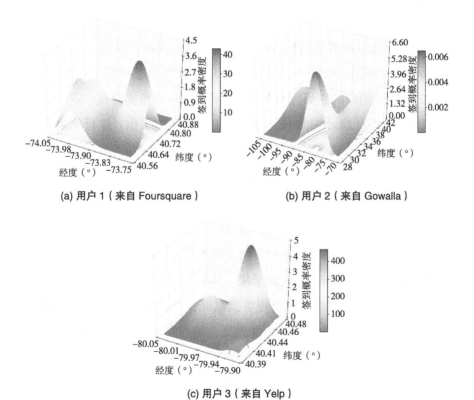

(a) 用户1（来自 Foursquare）

(b) 用户2（来自 Gowalla）

(c) 用户3（来自 Yelp）

图4-3　用户的二维签到概率密度示例

用户签到行为的空间特征表明了 LBSNs 中的用户更倾向于访问那些在位置上更加靠近自己之前签到的兴趣点，用户的签到行为具有空间集聚性和区域性。这与已有研究结果保持一致，因此，可以考虑在用户地理偏好建模和推荐模型中利用这种空间特征，从而提高推荐服务的质量。在第五、第六、第七章中，将利用该结论进行进一步的研究工作，即根据用户签到的个性化特征、集聚性和区域性进行地理建模，学习用户的地理空间偏好和活动偏好。

第三节　时间特征分析

为了探究用户的签到行为在时间上的分布特征，分别对 Foursquare 和 Gowalla 数据集中用户在不同时间段的签到频率进行统计。受生活和工作的影响，用户的签到行为在工作日和非工作日可能存在一定的差别，因此，将一天按 24 小时划分，分别对工作日和非工作日进行单独统计。例如，工作日 1 点到 2 点的签到频率表示该时间段内的签到次数占工作日签到总数的比例。由于 Yelp 数据集中时间信息没有精确到小时，此处不做分析。统计结果见图 4-4。

可以看出，用户的签到行为受时间因素的影响，在不同时间段的签到频率存在显著的差异。用户在两个数据集中的签到行为具有不同的时间特征。对于 Foursquare 数据集，用户在工作日的 12:00—14:00 以及 17:00—18:00 两个时间段出现签到高峰，而在非工作日仅在 18:00—19:00 出现了缓慢的增加。这可能是因为用户在工作日的中午休息时间和下午下班时间后外出。在 Gowalla 数据集，用户签到在工作日的 18:00 和非工作日的 19:00 左右出现高峰，这可能是因为用户在该时间段内外出休闲。同时，两个数据集中的用户都有明显的零点左右签到高峰，且非工作日的签到频率大于工作日，这说明用户在非工作日会更多地享受夜生活。

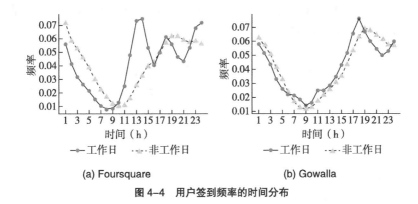

(a) Foursquare　　　　　　(b) Gowalla

图 4-4　用户签到频率的时间分布

从以上分析可以看出，用户的签到行为受到其当前所处时间上下文的显著影响。因此，在上下文感知的位置推荐问题中，考虑用户签到的时间分布是十分有必要的，从而学习用户在给定时间上下文场景中的动态偏好。在第七章中，将利用该结论进行进一步的研究工作，即通过将用户的签到活动映射到不同的时间间隔中，学习用户在不同时间段的活动偏好。

第四节　类别特征分析

为了发现用户对不同类别签到活动的偏好，统计了 Foursquare 数据集中用户签到数据在类别上的分布，即某类别签到次数占总签到次数的比例。Foursquare 数据集共有 251 个类别，表 4-1 给出了数据集中最热门的 10 个类别及其所占比例。可以发现，排名前 10 的兴趣点签到占总签到次数的 40%，这说明用户的签到主要集中在少数几个类别上。从签到的频率上也可以看出用户的日常生活与出行，相比于咖啡或餐饮，酒吧是纽约地区用户的最主要的签到地，说明酒吧在纽约地区用户中占据了比较重要的位置。家、办公地点和地铁是纽约地区用户每天都进行活动的场所，因此签到频率较高。

表 4-1　前十个最受欢迎的签到类别及签到比例

类别	比例	类别	比例
Bar	7.03%	Coffee Shop	3.30%
Home (private)	6.76%	Food and Drink Shop	2.90%
Office	5.60%	Train Station	2.82%
Subway	4.11%	Park	2.11%
Gym / Fitness Center	4.03%	Neighborhood	2.02%

不同类别的兴趣点在时间上也表现出明显的差异性，图 4-5 为 Foursquare 数据集中四种类别在不同时间段的签到概率。可以发现，不同类别的兴趣点在工作日和非工作日有显著的差异。例如，酒吧的签到在工作日的 22:00—24:00 达到高峰，而非工作日则出现在后半夜 3:00—6:00；在工作日，家的签到在中午 11:00—12:00 签到次数显著增加，12:00—13:00 地铁签到达到顶峰，而在 13:00—14:00 办公室签到次数达到峰值，这符合用户在工作日中午休息期间的行为轨迹，且这种变化在非工作日没有出现。

从以上分析可以看出，用户的签到行为具有明显的类别差异，不同类别的签到也表现出特定的时间分布特征。因此，在用户签到特征分析及位置推荐问题中，考虑兴趣点的类别是十分有必要的，从而提高推荐服务的质量。在第七章中，将利用该特征研究用户在不同时间段和不同类别下的活动偏好。

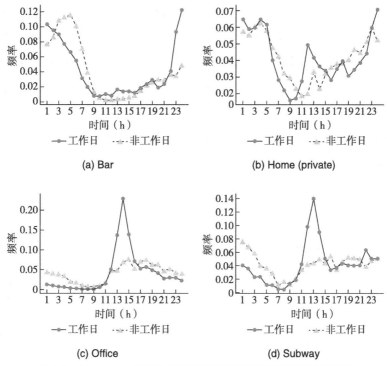

图 4-5　Foursquare 数据集中四种签到类别在不同时间段的签到概率

第五节　社交特征分析

　　为了探究社交特征对用户签到行为的影响，本节分别对 Gowalla 和 Yelp 数据集中朋友之间共同签到，共同朋友、非朋友之间共同签到和共同朋友的数量进行统计。共同签到的统计结果显示，Gowalla 数据集中，朋友之间平均共同访问兴趣点为 4.3 个，而非朋友之间平均共同访问兴趣点仅有 0.23 个。在 Yelp 数据集中，朋友之间平均共同访问兴趣点为 3.45 个，而非朋友之间平均共同访问兴趣点仅有 0.12 个。共同朋友的数量统计结果显示，Gowalla 数据集中，朋友之间平均拥有共同朋友为 7.69 个，而非朋友之间平均拥有共同朋友为 0.05 个。Yelp 数据集中，朋友之间平均拥有共同朋友为 22.05 个，而非朋友之间平均拥有共同朋友为 0.1 个。因此，具有社会关系的两个用户比不具有社会关系的用户更倾向于访问相同的兴趣点，具有更相似的行为偏好。具有社会关系的两个用户具有更加庞大的社交圈子，共同朋友的数量越多，其社会联系越紧密。

给定用户 u_1 和 u_2，定义两个比值 ψ 和 ζ，用于比较不同用户的共同朋友数量和共同签到数量所占比例，ψ 为用户共同的朋友占两者总朋友的比值，ζ 为用户共同的签到兴趣点占两者总签到兴趣点的比值。

$$\psi\left(u_1,u_2\right)=\frac{\left|F_{u_1}\cap F_{u_2}\right|}{\left|F_{u_1}\cup F_{u_2}\right|} \tag{4-2}$$

$$\zeta\left(u_1,u_2\right)=\frac{\left|L_{u_1}\cap L_{u_2}\right|}{\left|L_{u_1}\cup L_{u_2}\right|} \tag{4-3}$$

式中，F_{u_1} 和 F_{u_2} 分别为用户 u_1 和用户 u_2 的朋友集合，L_{u_1} 和 L_{u_2} 分别为用户 u_1 和用户 u_2 的签到兴趣点集合。分别对具有社会关系和不具有社会关系的用户计算 ψ 和 ζ 值，ψ' 和 ζ' 为具有社会关系的用户间比值的平均值，ψ'' 和 ζ'' 为不具有社会关系的用户间比值的平均值。两者差别越大，表明社会信息对用户的签到行为影响越大。

表 4-2 给出了用户的共同朋友数量和共同签到数量所占比例。结果显示，在 Gowalla 和 Yelp 数据集中，具有社会关系的用户在共同朋友比例和共同签到比例上均显著大于不具有社会关系的用户。例如，在 Gowalla 数据集中，具有社会关系的两个用户的共同朋友占比是不具有社会关系用户的 36 倍，具有社会关系的两个用户的共同签到占比是不具有社会关系用户的 13 倍。因此，这也进一步证明了具有社会关系的两个用户更倾向于访问相同的兴趣点，且具有更加紧密的社交圈子。

表 4-2　用户的共同朋友数量和共同签到数量所占比例

类别	Gowalla	Yelp
ψ'	8.72%	6.08%
ψ''	0.24%	0.12%
ζ'	3.10%	1.97%
ζ''	0.23%	0.20%

在第五章中，将利用该结论进行进一步的研究工作，即利用用户的共同朋友比例衡量用户社交紧密性，联合用户的社会关系和社交紧密性研究用户之间的相似性。

5

第五章

顾及地理和社会影响的兴趣点推荐方法

随着基于位置的社交网络的应用越来越广泛，社交媒体平台上的签到功能吸引了越来越多的用户记录和分享他们的位置和体验。随着大量用户签到记录的累积，兴趣点推荐问题得到了广泛的研究，基于位置的服务已经成为人们生活中不可或缺的一部分。兴趣点推荐可以极大地帮助用户找到感兴趣的潜在兴趣点，也可以帮助服务提供商向潜在用户提供智能化、个性化服务。

LBSNs 中兴趣点的地理位置信息对用户签到行为有显著影响，用户倾向于探索他们访问过的周边地区。为了描述用户在签到兴趣点的地理分布，已有研究学者提出了不同的地理模型建模用户的签到行为，如幂律分布模型、多中心高斯模型、核密度分析模型、聚类分析模型等。Cai 等提出了特征空间分离因子分解模型（FSS-FM），通过构建地理权重矩阵捕捉地理环境的影响，利用核密度估计模型计算地理因子矩阵元素值。Lian 等提出了基于地理建模内嵌的矩阵分解模型（GeoMF），同 FSS-FM 相似，GeoMF 通过构建地理权重矩阵捕捉地理环境的影响，利用 KDE 模型计算地理因子矩阵元素值。Zhao 等提出使用高斯混合模型（Gaussian Mixture Model, GMM）自动地学习用户的活动中心并消除离群值的影响，更准确地发现用户的活动中心。研究表明，1D-KDE 对用户访问的任意一对位置之间的距离进行个性化分布建模，不需要假设距离分布的形式是已知的；2D-KDE 对每个用户在经纬度坐标上的二维签到概率分布建模，比一维距离分布更合理和直观；A-KDE 针对每个签到位置调整内核带宽，并从签到数据中学习自适应带宽，相比于 1D-KDE 和 2D-KDE 的固定带宽形式，更能真实地反映用户的签到。

在深入研究用户偏好建模方法的基础上，对地理建模方法进行了分析：①基于一维距离的概率分布计算新位置的评分是困难的，很难找到一个参考位置来推导出新位置到参考位置的合理距离。②参数估计方法需要对数据进行一定的假设，需要更多的距离样本，且不适用于地理影响的个性化建模。③用户的签到兴趣点通常分布在几个区域，这些区域之间的距离可能非常大，例如，有些人喜欢去家附近的地方签到，而另一些人喜欢探索世界上其他有趣的地方。综合分析可以发现，个性化的二维非参数地理模型对地理影响的建模更加直观合理，而 2D-KDE 模型是一种比较合适的建模方法。结果表明，2D-KDE 模型具有更好的位置推荐性能。然而，由于数据的稀疏性和离群值的影响，很难找到合适的带宽来提高 2D-KDE 模型的性能。

此外，作为一种主要的辅助信息，用户间的社会关系信息也被用来提高推荐的性能，以解决传统协同过滤算法中存在的数据稀疏问题。已有研究从社会关系中获得用户相似度，并将其与传统推荐技术相结合，如基于记忆的或基于模型的协同过滤技术，被称为基于朋友的协同过滤（Social Collaborative Filtering, SCF），SCF 的社会相似性来自朋友间的社会影响。Qian 等提出一种结合社会网络因素的个性化推荐方法，该方法结合个人偏好、社会关系相似性和社会关系影响，将这三个社会网络因素融合到一个基于概率矩阵分解的个性化推荐模型中。Li 等定义了三类朋友关系：具有社交联系的社交朋友、与用户具有共同签到记录的朋友以及与用户居住地相对较近的近邻朋友，通过这三类朋友来发掘用户潜在感兴趣的 POI。然而，虽然这些方法可以很好地利用协同过滤方法发掘用户社会信息，但大多只使用了社会网络中的部分信息，难以获得稳定可靠的计算结果。

针对上述研究问题，重点探讨了地理和社会因素对位置推荐的重要性。具体来说，通过基于核密度估计获取用户偏好的空间分布来关注位置的二维地理影响。采用了一种新的带宽计算方法和四次核函数，能够更准确地估计用户在新位置签到的概率。此外，提出了一种综合的基于社会关系的推荐方法，从朋友的社交亲密度和社会关系中获得用户相似度。最后，将用户的签到偏好、地理和社会影响整合到统一的框架中。该模型基于协同过滤思想，利用地理和社会信息改善了用户签到数据的稀疏性问题，提高了兴趣点推荐的精准度。

第一节　问题定义

本节对涉及的数据结构和相关概念给出详细的定义与说明。表5-1列出了本章涉及的符号及解释说明。

表5-1　第五章相关符号及含义

符号	含义
U	LBSNs 中所有用户的集合，$|U|$ 表示数据集中的用户数量
u	任意用户，$u \in U$
L	所有兴趣点集合，$|L|$ 表示数据集中的兴趣点数量
l	任意兴趣点，$l \in L$
L_u	用户 u 签到的兴趣点集合，$L_u = \left\{ l_1, l_2, \cdots, l_{|L_u|} \right\}$
F_u	与用户 u 有社会关系的所有用户集合，$F_u = \{ u_1, u_2, \cdots, u_n \}$
$p(l|L_u)$	给定用户签到兴趣点集合 L_u，用户 u 访问兴趣点 l 的概率
$r_{u,l}$	用户 u 访问兴趣点 l 的真实得分，即签到次数，且 $l \in L_u$
$\hat{r}_{u,l}$	预测用户 u 访问 l 的得分，且 $l \notin L_u$

（1）兴趣点。具有唯一确定的地理位置，也称为兴趣点 l。每个兴趣点对应真实世界中一个具体实体，具有名称、类别、坐标等特征。

（2）地理坐标（Geographic coordinates）。用经度、纬度表示地面点位置的球面坐标，用 $\{x_i, y_i\}$ 标识。

（3）签到（Check-in）。用户在一定的时间 t 和空间位置 l 对一个兴趣点的访问称为一次签到，表示为 $v = (l, t)$。将用户的签到记录依据时间排列，得到用户的签到序列，表示为 $S_u = \{v_1, v_2, \cdots, v_n\} = \{(l_1, t_1), (l_2, t_2), \cdots, (l_n, t_n)\}$，其中 $t_1 \leqslant t_2 \leqslant \cdots \leqslant t_n$。

（4）大圆距离（Great-circledistance）。给定用户的两次签到的兴趣点及其经纬度坐标 $l_i = \{x_i, y_i\}$ 和 $l_j = \{x_j, y_j\}$，则两者之间的大圆距离为：

$$d(l_i, l_j) = R \times \arccos(C) \times \pi / 180 \tag{5-1}$$

$$C = \sin y_i \times \sin y_j + \cos y_i \times \cos y_j \times \cos(x_j - x_i) \tag{5-2}$$

式中，$R = 6371$ 千米表示地球平均半径，π 为圆周率。

（5）兴趣点推荐（POI recommendation）。给定 LBSNs 中用户的历史签到集合 L、用户的社会关系集合 F_u，本节兴趣点推荐的目标是根据每个用户签到的地理特征和社会特征，为用户推荐可能感兴趣但没有访问过的 Top-k 兴趣点列表。

第二节　GeSSo 兴趣点推荐模型

本章的研究目标是基于用户的签到信息、兴趣点的地理信息和用户的社会关系，建立个性化的兴趣点推荐模型。在日常生活中，如果用户频繁地访问某一区域内的兴趣点，那么距离这些兴趣点较近的其他兴趣点被签到的可能性就会更高，而随着距离的增加，签到的可能性就会降低，且用户偶尔访问过的兴趣点对周围的影响力较小。二维空间上的用户空间偏好建模是以该假设为基础，能够直观地发现用户在频繁签到兴趣点附近的潜在兴趣点。此外，已有实验表明，具有社会关系的用户拥有更加庞大的社交圈子，在共同朋友比例和共同签到比例上均显著大于不具有社会关系的用户，证明了具有社会关系的两个用户更倾向于访问相同的兴趣点。因此，二维地理建模和社会关系建模是发掘用户潜在兴趣点的两个重要技术。

本节介绍基于地理和社会影响的个性化兴趣点推荐模型，解决如何基于用户在二维空间的地理偏好和朋友对用户签到的影响定义用户在未访问兴趣点的偏好程度。受基于记忆的协同过滤思想和空间建模的启发，通过计算未签到兴趣点的得分，向用户推荐其可能感兴趣的兴趣点。

一、研究框架

图 5-1 为本章的研究框架，主要包括以下四个步骤。

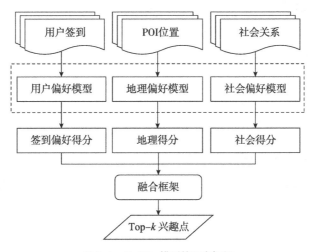

图 5-1　GeSSo 模型的研究框架

（1）用户偏好模型。利用基于用户的协同过滤方法对用户的历史签到进行建模，用户之间的相似性通过他们共同访问过的兴趣点计算。

（2）地理偏好模型。提出一种二维核密度估计方法建模用户地理偏好，计算用户在兴趣点的地理偏好得分。

（3）社会偏好模型。基于协同过滤方法提出一种社会偏好模型，综合考虑用户的社会关系和紧密度，基于用户的社会相似性计算用户在兴趣点的偏好得分。

（4）兴趣区域推荐。基于线性加权融合方法融合用户的签到偏好、地理偏好和社会偏好得分，得到用户的综合偏好得分。最后通过用户对所有兴趣点的偏好排名，向用户推荐前 k 个兴趣点。

二、基于 UCF 的用户偏好模型

通过相似用户的签到提高兴趣点推荐性能已经得到广泛的研究。除了地理影响和社会影响，本章也考虑了用户的纯签到数据在兴趣点推荐的影响。采用基于用户的协同过滤 UCF 技术，通过余弦相似性计算用户相似性，利用纯签到数据判断用户对潜在兴趣点的偏好得分。给定用户 u 和 u'，两者之间的余弦相似性为：

$$\cos\left(u,u'\right)=\frac{\sum\limits_{l\in L}\left(r_{u,l}r_{u',l}\right)r_{u',l_m}}{\sqrt{\sum\limits_{l\in L}\left(r_{u,l}\right)^2}\sqrt{\sum\limits_{l\in L}\left(r_{u',l}\right)^2}} \quad （5-3）$$

式中，$r_{u,l}$ 表示用户 u 在 l 的签到次数。

根据相似用户在 l_m 的签到偏好推测用户在 l_m 签到的可能性，计算公式如下：

$$p_{pre}\left(l_m\big|L_u\right)=\frac{\sum\limits_{u'\in U}\cos\left(u,u'\right)r_{u',l_m}}{\sum\limits_{u'\in U}\cos\left(u,u'\right)} \quad （5-4）$$

三、基于 2D-KDE 的地理偏好模型

从二维地理信息的角度学习用户对位置的偏好。在现有研究中，幂律分布、多中心高斯模型及一维核密度估计均为一维距离概率分布，而二维签到概率分布比一维距离分布更合理和直观。这是因为基于距离的

概率分布来精确计算新位置的评分是困难的，很难找到一个参考位置来推导出新位置到参考位置的合理距离。相反，使用二维签到概率分布来计算具有经纬度坐标的任何位置的访问概率是相当直观的。同时，核密度估计是一种常用的非参数估计方法，对隐含的分布形式没有任何假设。与同参数估计方法相比，非参数估计不对隐含的空间分布模式进行假设，而是从数据中学习分布形式。

当然，在使用二维核密度估计对新位置进行评分时，也会存在因带宽过大或离群点而无法更准确地找出用户更偏好的区域，同时也面临着数据稀疏性问题。因此，引入一种基于固定带宽的二维核密度估计方法，根据两种类型的加权距离计算带宽，即标准距离和中值距离。核密度估计方法包括两步：默认带宽计算和地理相关分数的核估计。

第一步：默认带宽计算。给定用户 u ，$L_u = \{l_1, l_2, \cdots, l_t\}$ 表示用户 u 访问过的兴趣点集合。每个位置 $l_i = \{x_i, y_i\}$ 由经纬度坐标表示。全局带宽的计算方式如下：

$$h = 0.9\min\left(SD, \sqrt{\frac{1}{\ln(2)}} \cdot DM\right) \cdot \left(\sum_{i=1}^{t} w_i\right)^{-0.2} \qquad (5\text{-}5)$$

式中，h 表示全局带宽，也称搜索半径。SD 表示加权标准距离，DM 表示加权中值距离，w_i 表示用户 u 在位置 l_i 上的签到次数，$\min(\cdot)$ 表示选取括号内的最小值。具体地，标准距离表示了其他兴趣点相对于几何平均的集中或分散程度。标准距离的计算基于球面坐标系空间参考，因此，采用经纬度标准差 $\sigma_w = (\sigma_x, \sigma_y)$ 相对于原点 $l_O(0,0)$ 的球面距离表示标准距离，计算公式如下：

$$SD = \operatorname{dis}(\sigma_w, l_O) \qquad (5\text{-}6)$$

$$\sigma_x = \sqrt{\frac{\sum_{i=1}^{t} w_i(x_i - \bar{X}_C)^2}{\sum_{i=1}^{t} w_i}} \qquad \sigma_y = \sqrt{\frac{\sum_{i=1}^{t} w_i(y_i - \bar{Y}_C)^2}{\sum_{i=1}^{t} w_i}} \qquad (5\text{-}7)$$

式中，σ_x 和 σ_y 分别为经度和纬度的加权标准差。

另外，DM 为 $l_i \in L_u$ 和 $l_C \in L_u$ 的平均距离，计算公式如下：

$$DM = \frac{\sum_{i=1}^{t} w_i \mathrm{dis}(l_i, l_C)}{\sum_{i=1}^{t} w_i} \qquad (5\text{-}8)$$

式中，$\mathrm{dis}(l_i, l_C)$ 为 $l_i \in L_u$ 和 l_C 之间的距离，$l_C = (\bar{X}_C, \bar{Y}_C)$ 为 L_u 中兴趣点的加权平均中心，$\bar{X}_C$ 和 $\bar{Y}_C$ 分别为经度和纬度的加权平均值。

已有研究表明，用户的签到次数反映了用户对兴趣点的偏好。因此，将用户在 POI 的签到次数作为权重，签到次数越高，表明该兴趣点越受用户的喜爱，其权重越大。

第二步：地理相关分数的核估计。基于式（5-3）计算的全局带宽 h，计算用户 u 在未访问兴趣点 $l_m \notin L_u$ 上的签到概率，该概率得分用该兴趣点的核密度估计值表示：

$$p_{geo}(l_m | L_u) = \frac{1}{Nh^2} \sum_{i=1}^{t} w_i K\left(\frac{d(l_m, l_i)}{h} \right) \qquad (5\text{-}9)$$

$$K(x) = \begin{cases} \dfrac{3}{\pi}\left(1 - x^{\mathrm{T}}x\right)^2, & \text{if } x^{\mathrm{T}}x < 1 \\ 0, & \text{otherwise} \end{cases} \qquad (5\text{-}10)$$

式中，$d(l_m, l_i)$ 为 $l_m \notin L_u$ 和 $l_i \in L_u$ 之间的距离。$K(\bullet)$ 表示核函数，由于四次核函数适合对二维数据进行核密度估计，以 Silverman 的著作中描述的四次核函数为基础。N 表示用户 u 在 L_u 的签到次数的总和。

需要注意的是，由于位置坐标为经纬度数据，在计算距离时采用式（5-1）计算大圆距离，包括式（5-6）中的 $\mathrm{dis}(\sigma_w, l_o)$、式（5-8）中的 $\mathrm{dis}(l_i, l_C)$ 和式（5-9）中的 $d(l_m, l_i)$。这是因为签到数据集的分布范围较为广泛。欧氏距离适用于小范围的签到数据，不适用于大范围的全球数据，在计算距离时会出现较大的误差。

四、兼顾社会关系和紧密度的社会偏好模型

两个用户的社会关系强度可以从两个方面衡量：一是两者是否为朋友关系，二是两者共同朋友数量。首先，在现实世界中，用户经常向自己的朋友分享他们的生活和经历，用户的偏好可能会受到朋友的影响，从而产生一些共同的兴趣爱好。例如，人们经常和朋友一起去电影院或博物馆，或者去朋友分享的超市购物。这意味着好友比非好友更有可能分享共同的地点，尽管大多数好友在签到地点上很少有重叠。其次，第四章第五节的实验结果表明，当用户间拥有更多共同朋友，则其拥有共同签到的比例也增加。这是因为当两个人拥有较多共同朋友，说明两者具有相似的社交圈子，其签到偏好可能越相似。因此，用户对兴趣点的偏好在一定程度上受其朋友的影响，尤其是具有紧密社会关系的用户团体。

针对以上研究，本节采用共同拥有朋友数量占比衡量用户的社会紧密度，从社会关系和社交紧密度两方面评价用户的社会相似性，根据相似用户的偏好推测用户在 l 签到的可能性。用户间的社交相似性计算公式如下：

$$SocSim = \eta CloSim(u,u') + (1-\eta) ConSim(u,u') \qquad （5-11）$$

式中，η 为调节参数，取值范围为 $[0,1]$。$CloSim(u,u')$ 和 $ConSim(u,u')$ 分别为用户 u 和 u' 之间的社交紧密度和社会关系。两者的计算公式如下：

$$CloSim(u,u') = \begin{cases} \dfrac{|F_u \cap F_{u'}|}{|F_u \cup F_{u'}|}, & u \in F_{u'} \vee u' \in F_u \\ 0, & u \notin F_{u'} \end{cases} \qquad （5-12）$$

$$ConSim(u,u') = \begin{cases} 1, & u \in F_{u'} \vee u' \in F_u \\ 0, & u \notin F_{u'} \end{cases} \qquad （5-13）$$

式中，Jaccard 相似性适用于稀疏度过高的数据，式（5-12）采用 Jaccard 相似性方法计算，考虑了用户共同拥有朋友的数量占两者总朋友的比例。式（5-13）将具有社会关系的用户间的相似性定义为 1，不考虑不具有社会关系的用户。为了充分利用用户的社会信息，基于协同过滤的思想提出了综合社会偏好模型，计算用户 u 在未访问位置 $l_m \notin L_u$ 上的签到概率：

$$p_{soc}\left(l_m \middle| L_u\right) = \frac{\displaystyle\sum_{u' \in F_u} SocSim\left(u, u'\right) r_{u', l_m}}{\displaystyle\sum_{u' \in F_u} SocSim\left(u, u'\right)} \tag{5-14}$$

五、融合框架

本节的主要目标是将用户偏好 p_{pre}、地理偏好 p_{geo} 和社会偏好 p_{soc} 进行融合，以获得更高的推荐精度。在基于上下文的位置推荐中，多种上下文信息的结合是兴趣点推荐的关键问题，线性加权是一种简单有效的融合方法。其基本思想是将三种不同的推荐方法产生的推荐结果通过线性组合的方式，分别赋予不同的权重，通过调整权重，获得最佳的推荐结果。给定用户 u，采用线性加权方法将三种类型的偏好进行融合，其在兴趣点 l_m 签到的最终可能性为：

$$S_{u,l_m} = \left(1 - \alpha - \beta\right) S_{u,l_m}^{pre} + \alpha S_{u,l_m}^{geo} + \beta S_{u,l_m}^{soc} \tag{5-15}$$

$$S_{u,l_m}^{pre} = \frac{P_{pre}\left(l_m \middle| L_u\right)}{\max\limits_{l_m \in L - L_u}\left\{P_{pre}\left(l_m \middle| L_u\right)\right\}} \tag{5-16}$$

$$S_{u,l_m}^{geo} = \frac{P_{geo}\left(l_m \middle| L_u\right)}{\max\limits_{l_m \in L - L_u}\left\{P_{geo}\left(l_m \middle| L_u\right)\right\}} \tag{5-17}$$

$$S_{u,l_m}^{soc} = \frac{P_{soc}\left(l_m \middle| L_u\right)}{\max\limits_{l_m \in L - L_u}\left\{P_{soc}\left(l_m \middle| L_u\right)\right\}} \tag{5-18}$$

式中，S_{u,l_m}^{pre}、S_{u,l_m}^{geo} 和 S_{u,l_m}^{soc} 分别表示 p_{pre}、p_{geo}、p_{soc} 标准化后的值。α 和 β 表示调节参数，且 $0 \leqslant (\alpha + \beta) \leqslant 1$，$\alpha$ 和 β 分别定义了用户的地理影响和类别影响的重要性，值越大表明模型的影响越大。通过经典的网格搜索法调整 α 和 β 的值，以获得最高的推荐精度。

第三节　实验设置

一、实验数据

实验数据主要包括 Gowalla 和 Yelp 的公开数据集。每个签到数据包含了用户唯一编码、兴趣点唯一编码、时间戳、兴趣点经纬度等信息，还包括用户的社会信息。为了缓解数据稀疏性的影响，对 Gowalla 和 Yelp 数据集进行了预处理，分别移除访问少于 15/10 个兴趣点的稀疏用户，同时移除访问少于 15/10 人的兴趣点。经过数据预处理，数据集的基本统计信息见表 1-3。可以看出，数据集的空间覆盖范围、时间范围、数据集大小不同，能够较为全面地评估所提方法的推荐性能。

为了验证模型的有效性，数据集被分为三部分，包括训练集、验证集和测试集，实验中仅使用了训练集和测试集。选择每个用户历史访问序列的前 70% 的签到作为训练集，最后 20% 的签到作为测试集。

二、评价指标

实验的主要评估目标是查看用户的签到兴趣点是否出现在返回列表。具体来说，对于测试数据集中的每一个签到，判断该签到是否在推荐列表中。因此，使用准确率和召回率作为模型评价指标，这两项指标是机器学习和数据发掘领域常用于衡量模型质量的评价指标，准确率和召回率计算方法见式（3-42）至式（3-45）。其中，$R_u(k)$ 表示通过模型计算得到的兴趣点推荐列表，T_u 表示用户在测试集中访问的兴趣点集合。为了全面评测 Top-k 推荐的性能，选取不同的推荐列表长度 k，k 值分别设置为 5、10、20、50。

三、对比方法

为了评估模型的推荐准确性，选择了几个推荐方法作为对比方法进行结果对比，对比方法涵盖了经典的方法和比较先进的方法。分别从总体性能、地理影响和社会影响三个方面，将以下方法进行比较。对比方法全部使用 Python3.7 及其开放源代码包实现。

1. 基于空间的方法

（1）G-KDE：Zhang 等在 Lore 模型中采用的二维核密度估计模型，该模型采用高斯核函数，模型没有考虑用户的签到次数，在前文对该方法的应用进行了介绍。

（2）AWG-KDE：Zhang 等在 GeSoCa 模型中提出的自适应的二维核密度估计方法构建用户地理偏好模型，该模型采用高斯核函数，对每个用户的每个兴趣点计算带宽（即自适应的带宽），在前文对该方法的应用进行了介绍。

（3）DQ-KDE：在 WDQ-KDE 模型的基础上不考虑用户签到次数，与 WDQ-KDE 不同的是，DQ-KDE 中用户的所有签到兴趣点具有相同的权重。

（4）WDQ-KDE：本章第二节提出的地理偏好模型，该模型采用新的带宽计算方法和四次核函数，考虑将用户签到次数作为权重。

2. 基于社会的方法

（1）SCF：仅考虑了社会紧密度的模型，采用 Jaccard 相似性计算用户朋友间的相似性，朋友之间的相似性是根据共同的朋友来计算的，η 取值为 1 时。

（2）Con：仅考虑了社会关系的模型，η 取值为 0 时。

（3）SSo：本章第二节提出的社会偏好模型，该模型考虑了社会紧密度和社会关系。

3. 综合对比方法

（1）UCF：基于用户的协同过滤，仅根据用户的签到信息计算用户的相似性，进而根据相似用户的偏好向用户推荐可能感兴趣的兴趣点。

（2）USG：基于用户的地理偏好和社会偏好进行兴趣点推荐。在地理偏好上采用幂律分布模型建模用户的空间偏好，在社会偏好上采用基于朋友的协同过滤，采用线性加权方法融合不同类型的偏好得分。

（3）Lore：基于用户签到的序列、地理和社会信息的兴趣点推荐方法。模型采用 G-KDE 方法构建地理模型，基于朋友间的居住距离评估用户相似性，进而构建社会模型，最后采用相乘方式将三种模型结果进行融合。由于无法获得用户居住地信息，本实验采用用户访问最频繁的兴趣点代替用户居住地。

（4）GeSSo：本章第二节阐述的顾及地理和社会信息的兴趣点推荐模型。

第四节　实验结果与分析

　　LBSNs 中的兴趣点推荐性能普遍较低，主要是因为用户—兴趣点的矩阵密度很小。例如，Liu 等使用 Gowalla 和 Yelp 数据集对 11 种先进的兴趣点推荐模型进行比较，其在 Gowalla 数据集的 Top-5 的准确率最高为 0.063，召回率最高为 0.052，在 Yelp 数据集的 Top-5 的准确率最高为 0.032，召回率最高为 0.035。所以在本章的实验中，准确率和召回率的数值也普遍较低。同时，给用户推荐更多的兴趣点，将有助于用户发现更多的兴趣点。因此，k 分别取 5、10、20、50。

　　本章进行了大量的实验来评估所提出的兴趣点推荐方法的性能。本节从五个方面评估 GeSSo 个性化兴趣点推荐模型的性能：①在最优参数下分析了所有方法的准确率和召回率，将 GeSSo 同已有推荐模型进行比较；②对模型中的参数及取值进行分析；③对地理影响方法与三个主流的二维地理信息建模方法进行比较分析，讨论了不同核密度估计方法的性能；④对社会影响模型与两种单一社会信息模型进行比较；⑤讨论地理影响模型对不同签到数量用户的性能，用户签到数量反映用户活跃程度。

一、整体性能分析

　　本节对模型的整体推荐效果进行分析。各推荐模型在 Gowalla 和 Yelp 数据集上的准确率和召回率分别见图 5-2 和图 5-3。所有方法均为最优参数下的结果，参数分析见第二小节。可以发现，准确率随着 k 值的增加而下降，而召回率随着 k 值的增加而上升。因为随着 k 值的增加，为用户返回的兴趣点越多，其中会有更多的兴趣点是用户可能访问的，但会有更多低概率的兴趣点被返回，这些低概率的兴趣点是用户较低可能访问的。

从图 5-2 和图 5-3 可以得出结论：

（1）USG 方法在准确率和召回率上的表现稍低于 GeSSo 模型，但优于其他方法。因为 USG 模型利用了地理和社会关系信息，同时也融合了基于记忆的协同过滤方法，依靠已有的签到数据的相似性得出预测结果。

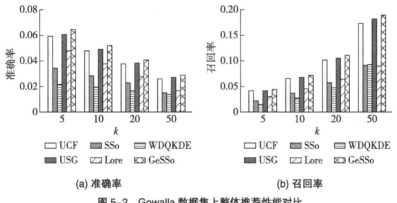

(a) 准确率　　　　　　　　　　(b) 召回率

图 5-2　Gowalla 数据集上整体推荐性能对比

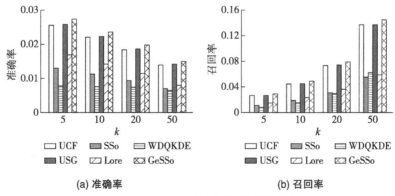

(a) 准确率　　　　　　　　　　(b) 召回率

图 5-3　Yelp 数据集上整体推荐性能对比

（2）Lore 方法也考虑了地理位置的临近性和社交位置的临近性，然而在两个数据集上的准确性和召回率仅优于 SSo 和 WDQKED，低于 USG 和 GeSSo。可能的原因是在利用用户的社会信息进行建模时，作者采用朋友间的居住距离进行建模，而用户的居住距离是难以获得的，采用用户访问最频繁的兴趣点代替用户居住地会降低推荐性能。同时，Lore 对地理偏好进行二维空间建模时，没有考虑到用户的签到频率，这也可能是导致准确率和召回率较低的原因。因此，合适的建模方法和精确的用户数据，有助于提高推荐精度。

（3）GeSSo 在两个数据集上的准确率和召回率明显优于三个组件：UCF、SSo 和 WDQKED。这三个组件分别考虑了用户的纯签到偏好、社会偏好或空间偏好。这表明地理和社会因素能够提高推荐性能，用户在实际生活中受多种上下文信息的影响，不能仅从单一信息入手对用户偏好进行建模。此外，社会偏好模型在两个数据集上的推荐性能均优于地理偏好模型，次于 UCF，这说明用户的纯签到偏好更能发掘用户的潜在偏好，社会偏好比地理偏好更能捕获用户的潜在偏好。

二、模型参数分析

表 5-2 为 GeSSo 模型中的主要参数及取值。接下来结合实验分析说明模型中的参数是如何确定的。通过调整参数 α 和 β，评估用户签到、地理偏好和社会偏好在模型中起的作用，并使 GeSSo 获得最优性能。分别从集合 [0,0.1,0.2,0.3,0.4,0.5,0.6,0.7,0.8,0.9,1.0] 中变化参数 α 和 β。对所有的实验结果进行对比，实验结果显示，在 Gowalla 数据集中，$\alpha = 0.2$ 和 $\beta = 0.2$ 时模型性能最优；在 Yelp 数据集中，$\alpha = 0.2$ 和 $\beta = 0.2$ 时模型性能最优。可以看出，相对于地理偏好和社会偏好，用户的纯签到偏好在推荐模型中权重较大，重要性更强。同时，地理偏好和社会偏好在整

体推荐性能的提高上具有相同的贡献，能够提高推荐精度，这与已有研究的结论相同。

在社会偏好模型中，为了融合 SCF 和 Con 组件，需要找到最优的参数 η 来调整 Con 的值，从集合 $[0,0.01,0.02,\cdots,1.0]$ 中变化参数 η。实验结果显示，Gowalla 和 Yelp 上的 SSo 参数 η 分别为 0.01 和 0.05。

表 5-2　GeSSo 模型中的主要参数及取值

参数	Gowalla 数据集	Yelp 数据集	备注
α	0.2	0.2	式（5-15）中地理偏好的系数
β	0.2	0.2	式（5-15）中社会偏好的系数
η	0.01	0.05	式（5-11）中的调节参数

三、地理偏好模型分析

图 5-4 和图 5-5 分别为各个对比模型在 Gowalla 和 Yelp 数据集的准确率和召回率的结果对比。每个柱状图从左到右依次为 G-KDE、DQ-KDE、AWG-KDE 和 WDQ-KDE。由图 5-4 和图 5-5 可以得出结论：在四种地理模型中，WDQ-KDE 模型的综合表现性能更好，WDQ-KDE 和AWG-KDE 在 Gowalla 数据集上的性能明显高于 G-KDE 和 DQ-KDE，

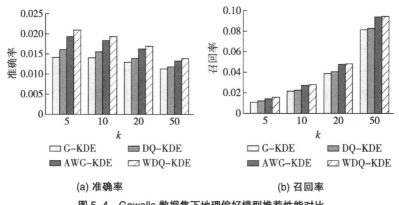

(a) 准确率　　　　　　　　　(b) 召回率

图 5-4　Gowalla 数据集下地理偏好模型推荐性能对比

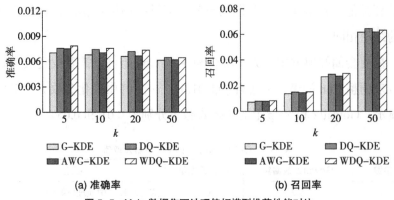

(a) 准确率   (b) 召回率

图 5-5 Yelp 数据集下地理偏好模型推荐性能对比

然而 WDQ-KDE 和 DQ-KDE 在 Yelp 数据集上的性能高于 AWG-KDE 和 G-KDE。这可能是因为 Yelp 数据集中的签到分布在全球几个城市中，用户平均签到次数和 POI 更少，模型的性能受离群点或数据稀疏性的影响更大。这也使得四种方法在 Yelp 数据集上的推荐性能明显低于 Gowalla 数据集。

为了探究四种模型在二维空间的概率密度分布。在两个数据集中随机选取了两个用户的签到记录。图 5-6 和图 5-7 为两位用户在不同地理模型下的密度分布图，即用户空间偏好分布。横轴表示经度，纵轴表示纬度。黄色点表示用户签到兴趣点。根据式（5-9），用户在某一地点的密度值表示用户在该位置的地理偏好得分，图中使用不同程度的蓝色表示密度值的大小，颜色越深，得分越高。

首先，对四种方法采用的带宽、核函数、是否加权情况进行总结。核函数带宽反映了单个样本对总体密度分布的影响范围，G-KDE、DQ-KDE 和 WDQ-KDE 采用固定的带宽计算方式，AWG-KDE 为自适应的带宽；在核函数上，G-KDE 和 AWG-KDE 采用了高斯核函数，DQ-KDE 和 WDQ-KDE 采用了四次核函数；在加权方式上，G-KDE 和 DQ-KDE 没有考虑用户的签到频率，仅对用户签到过的兴趣点进行密度估计，AWG-KDE 和 WDQ-KDE 在密度估计时考虑了兴趣点的签到频率。结合以上总结，从图 5-6 和图 5-7 可以得出以下结论：

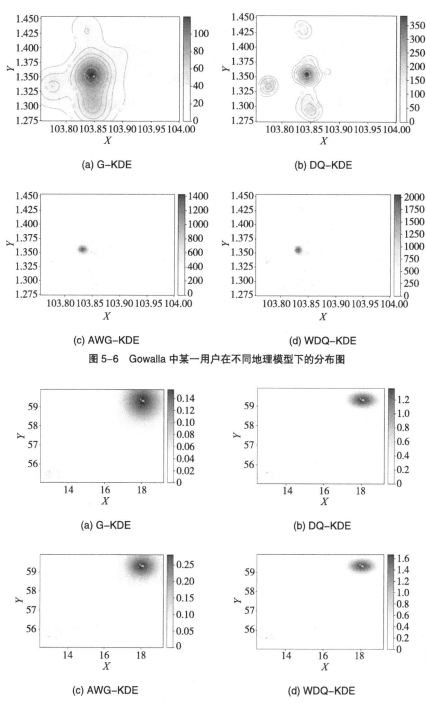

图 5-6　Gowalla 中某一用户在不同地理模型下的分布图

图 5-7　Yelp 中某一用户在不同地理模型下的分布图

（1）在图 5-6 中，签到兴趣点分布在较小的地理范围中，密度值和梯度变化从图 5-6(a) 到图 5-6(d) 逐渐增大，最小等高线的覆盖面积逐渐减小。在图 5-7 中，签到兴趣点的地理范围较大，形成了两个聚类区域，这说明用户的签到分布在两个距离较远的区域。WDQ-KDE 具有最大的密度估计值，这说明 WDQ-KDE 方法能够增大密度值和梯度值，缩小了用户频繁签到点的影响范围。

（2）G-KDE 采用高斯核密度估计，没有考虑签到频率，假设用户访问过的所有签到点都具有相同的权重。根据用户签到的地理特征可知，用户倾向于访问曾经签到过的兴趣点附近区域，而 G-KDE 估计的概率密度过于平滑，难以有效区别用户签到热点区域和冷点区域。

（3）AWG-KDE 虽然采用了自适应的带宽计算方式，分别对每个签到兴趣点计算带宽，但并没有更好地拟合用户签到兴趣点地理位置的影响，且其计算复杂度较高，耗费大量的计算时间。因此，WDQ-KDE 方法能够更有效地建模用户的地理空间偏好。

四、社会偏好模型分析

图 5-8 和图 5-9 描述了对比方法在 Gowalla 和 Yelp 两个真实数据集上的准确率和召回率的对比柱状图，从左到右依次为 SCF、Con 和 SSo。实验结果显示，首先，在三种方法中，SSo 在 Gowalla 和 Yelp 数据集上的推荐性能优于其他两个组件，这说明社会紧密度和社会关系的结合在一定程度上可以提高推荐的准确性。这样的结果在组合式的推荐方法里是常见的。其次，在两个独立的组件中，Con 在两个数据集上的性能优于 SCF，这说明用户的社会关系比社会紧密度更有利于捕捉朋友之间的相似偏好。

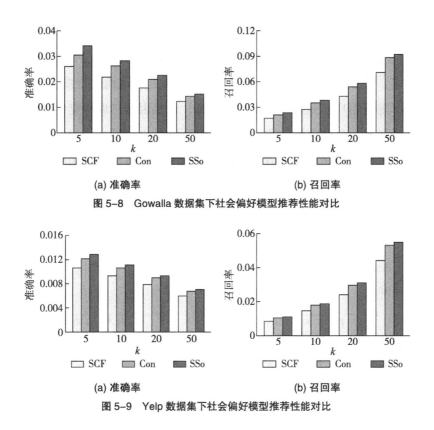

(a) 准确率

(b) 召回率

图 5-8 Gowalla 数据集下社会偏好模型推荐性能对比

(a) 准确率

(b) 召回率

图 5-9 Yelp 数据集下社会偏好模型推荐性能对比

五、用户签到数量分析

最后，根据用户签到数量对 G-KDE、DQ-KDE、AWG-KDE 和 WDQ-KDE 四种地理偏好模型的推荐性能进行分析。图 5-10 和图 5-11 分别是 Gowalla 和 Yelp 数据集中各个对比模型分别在准确率和召回率方面的折线图。由于 Gowalla 和 Yelp 数据都进行了预处理，所以无法评估模型对签到次数少于 15 次和 10 次的冷启动用户的性能。根据训练数据中用户的签到数量，将 Gowalla 和 Yelp 的用户分为五组，分别为 [15, 15~30, 30~50, 50~100, ≥100]、[10~15, 15~30, 30~50, 50~100, ≥100]。用户签到次数越多，说明用户签到越活跃。

从图 5-10 和图 5-11 可以看出，四种方法在 Gowalla 和 Yelp 数据集中的推荐准确率均随着用户签到数量的增加而增加，这说明用户签到数量越多，越能更好地学习到用户偏好，进而更准确地进行推荐。然而，召回率随着用户签到数量的增加而降低，这是因为，训练集中用户的签到数量增多，意味着测试集中用户的签到数量也会随之增加，根据召回率的计算公式可知，分母数量增加幅度大于分子数量增加幅度，导致召回率逐渐降低。

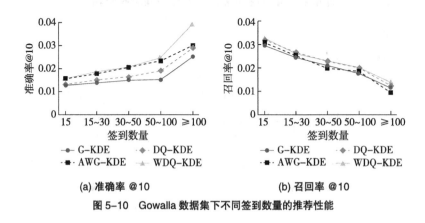

(a) 准确率 @10　　　　　　(b) 召回率 @10

图 5-10　Gowalla 数据集下不同签到数量的推荐性能

从整体性能上看，WDQ-KDE 方法在两个数据集上的准确率和召回率均优于其他方法；随着用户签到次数的增多，准确率在各方法上的差距有不同程度的增加，而召回率在各方法上的差距没有显著的变化。

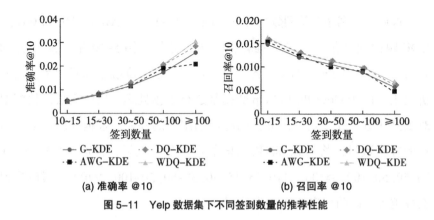

(a) 准确率 @10　　　　　　(b) 召回率 @10

图 5-11　Yelp 数据集下不同签到数量的推荐性能

6

第六章

顾及地理和类别相似性的兴趣区域
推荐方法

近年来，随着基于位置的社交网络快速发展，人类的签到行为呈现出特定的分布模式，城市区域级别的用户活动建模在城市商业规划中起着重要作用，为人们的城市生活和需求提供帮助。因此，为了了解用户在城市中的空间行为模式，对用户空间活动偏好进行建模，本章在第四章用户签到地理和类别特征研究的基础上，提出了结合城市街区和签到数据的个性化兴趣区域推荐方法（Personalized ROI Mining and Recommendation Method Combing City Block and Check-in Data, CBCD）。 以 Foursquare 真实数据为例，测试了所提方法的有效性，并对结果准确率、召回率和 $F1$ 分数进行了分析。

城市感兴趣区域是指有特定功能, 吸引人们关注和活动的综合性城市区域, 如休闲商业区、交通枢纽、城市地标等。人群在哪个时间会出现在哪个地理区域的信息, 对城市规划管理、商业选址和旅游资源开发都具有一定的研究意义。例如, 用户对不同的地理区域有不同程度的了解, 用户更有可能在熟悉的区域找到高质量的餐馆和购物中心, 却并不熟悉城市中的其他区域。基于用户签到行为的城市兴趣区域分析和推荐具有一定的应用价值。

　　LBSNs 中用户在城市中的签到活动往往具有区域性质。图 6-1 显示了 Foursquare 数据集中三个用户在纽约曼哈顿 (分别用橙、绿、紫色表示) 的签到情况。首先, 可以清楚地观察到用户的大多数签到发生在特定的地理区域, 且具有一定的聚集性, 这表明用户的签到行为具有强烈的地理偏好。其次, 通过调查用户在其常去区域的活动, 可以发现他们的活动往往局限于大多数常去区域的少数类别, 区域内的签到点类别是吸引用户的重要因素。类别信息在兴趣区域推荐研究中得到了一定的应用。Liu 等综合考虑了地理偏好、区域知名度和用户移动性, 提出了一种地理局部贝叶斯非负矩阵因子分解方法 (GT-BNMF)。Yang 等利用用户在区域内签到过的兴趣点类别的熵值与区域内类别的最大熵值之间的差值来衡量用户在区域内的偏好偏差, 来寻找用户的城市功能区域。Liu 等从带有标题的地理标签的照片中提取主题标签, 给每个照片赋予多个主题 (即类别), 从而将社交媒体数据的语义和位置信息结合起来, 向具有特定兴趣的用户推荐主题城市区域。

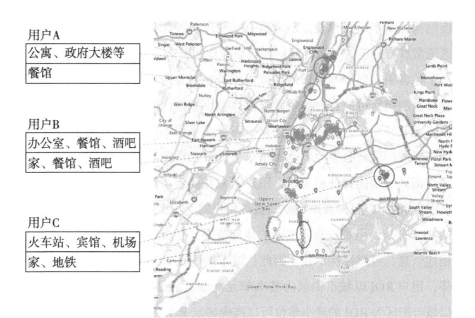

用户A

公寓、政府大楼等
餐馆

用户B

办公室、餐馆、酒吧
家、餐馆、酒吧

用户C

火车站、宾馆、机场
家、地铁

图 6-1　用户签到的空间分布示例，底图来自 OSM 地图

　　目前，已有研究学者基于社交媒体数据实现用户兴趣区域分析，由于 ROI 的模糊性和多样性，还缺乏对 ROI 的整体量化分析，现有研究还存在一些问题：①现有研究通常将城市划分为地理格网单元，离散推断用户在单个单元中的偏好，通过计算每个格网单元的热度值判断城市兴趣区域。当用户位于两个相邻单元格的边界时，一个距离很短的移动可能会引起单元格的变化，从而导致不同的推断结果。然而，由于位置维度的连续性，对用户空间活动偏好进行连续建模并不容易。②采用聚类方式将分布较密的签到划分到一个区域，在密集区域使用较小的分区，而在稀疏区域使用较大的分区。然而，由于大部分签到点集中在城市中心，签到点空间分布极不均匀，大多数聚类算法和工具在处理大量数据时效率低下，无法处理大量且分布不均匀的点。同时，以上两种方式都忽略了地物的连续性，所获得的城市兴趣区域，难以与城市地理特征相结合。因此，如何准确确定 ROI 的范围和边界是亟须解决的问题。

　　道路网是人类发展和城市发展的产物。道路网包围形成的街区是城市结构的基本组成单位，通常具有一种或多种相似的功能特征。城市街区通常具有一定的功能特征，且与兴趣点的分布具有密切的关系。例如，一个包含很多商店和餐馆的街区可能是一个商业中心；一个包含纪念碑和公园的街区可能是一个旅游景点。城市街区内的功能结构通常取决于城市商业环境中的内部供需关系，可能会吸引不同需求的不同访客，对用户形成的综合吸引力要远大于单一 POI 形成的吸引力。用户的签到活动与街区的功能特征相关联，用户通常在固定街区访问其中几种类别的 POI。同时，以格网或聚类方式获得用户的 ROI，虽然可用于实现细粒度的 ROI 分析，但难以具有实际的地理范围，无法给 ROI 赋予准确的地理描述信息，可解释性不强。因此，城市街区在 ROI 分析上具有天然的优势，用户 ROI 以城市街区为基本单元能够更好地反映用户的地理偏好，以城市街区为 ROI 的最小单位可以准确确定 ROI 的范围和边界。

  针对上述研究问题，本章通过利用 LBSNs 中用户的签到历史记录对用户兴趣区域进行建模，有效融合兴趣点的地理和类别信息，提出了个性化兴趣区域推荐模型。首先，为了获取空间特征，使用用户历史签到和城市街区为每个用户建立个人兴趣区域，以此来推断用户的空间活动偏好，而不是将城市分割成格网单元。其次，为了获得类别偏好，利用区域内包含的 POI 类别判断区域功能的相似性，协同建立用户在其他区域的类别偏好。最后，将地理偏好和类别偏好特征进行融合。该模型受传统兴趣点推荐方法启发，对用户兴趣区域进行了定量分析，提高了兴趣区域推荐的精准度。

  本章的组织结构如下：第一节详细介绍了本章涉及的数据结构和相关概念；第二节介绍了本章使用的城市街区数据的构建方式；第三节介绍了顾及地理和类别信息的个性化兴趣区域推荐模型，分别对研究框架、地理偏好模型、类别偏好模型、综合偏好模型等进行详细说明；第四节介绍了实验环境，包括实验数据、评价指标和对比方法；第五节从区域签到特征、区域活跃度两个方面对用户的签到特征进行了分析，从整体

性能和模型参数两个方面对推荐结果进行了分析和讨论，并给出了用户
城市兴趣区域的案例分析。

第一节　问题定义

本节对涉及的数据结构和相关概念给出详细的定义与说明。表 6-1
列出本章涉及的符号及解释说明。

表 6-1　第六章相关符号及含义

符号	含义
U	LBSNs 中所有用户的集合，$|U|$ 表示数据集中的用户数量
u	任意用户，$u \in U$
R	区域集合，即城市街区集合，$|R|$ 表示研究区域内的城市街区数量
r_i	任意区域，$r_i \in R$
C_{r_i}	区域 r_i 中的类别集合，$|C_{r_i}|$ 表示 r_i 中的兴趣点类别数量
R_u	用户 u 签到过的区域集合，$R_u = \{r_1, r_2, \cdots, r_n\}$
$d(r_i, r_j)$	区域 r_i 与 r_j 的中心点之间的最短路径值

城市街区（City block）。被街道包围的最小的一组建筑物，包含住宅、
商店、学校等，它通过道路与其他街区相连。在《语言大典》中的定义
为：通常由街道围绕，有时由其他边缘（如河流、铁路）围绕的长方形空
地，被使用或计划修建建筑物之用。将街区集合表示为 $R = \{r_1, r_2, \cdots, r_n\}$，
$r_i \in R$ 表示一个城市街区，城市被划分为 n 个街区。本书将城市街区作为
兴趣区域的基本组成单位。

活跃区域（Active region）。若用户 u 在街区 r_i 中的签到数量占总签到

数量的比例 $freq_{u,r_i}$ 大于或等于阈值 σ_{freq}，则 r_i 为用户频繁访问的区域，加入活跃区域集合 $R_{u,a}$。

地理影响（Geographical influence）。以用户 u 的活跃区域 $r_i \in R_{u,a}$ 为中心，若区域 $r_j \notin R_{u,a}$ 到 r_i 的距离小于或等于阈值 θ_{dis}，则认为 r_j 受 r_i 影响，所有满足条件的区域集合 $\hat{R}_u$ 为 r_i 的地理影响区域。

最短路径（Shortest path）。从某顶点出发，沿道路到达另一顶点所经过的路径中，各边的权值之和最小的一条路径叫作最短路径。两个区域 r_i 和 r_j 的中心点经纬度分别为 $l_i = \{lon_i, lat_i\}$ 和 $l_j = \{lon_j, lat_j\}$。则这两个区域之间的距离最短路径定义为 l_i 和 l_j 之间沿道路网的最短路径值。

兴趣区域推荐（ROI recommendation）。给定 LBSNs 中用户的历史签到集合 L、兴趣点的类别 C，根据每个用户签到的地理特征和类别特征，为用户推荐可能感兴趣的 Top-k 个兴趣区域列表 $\hat{R}_u = \{r_1, r_2, \cdots, r_k\}$。

第二节　城市街区构建

城市街区来源于英文 City Block，是城市规划与管理的基本单元，对于促进集约化发展、提高城市空间活力具有重要作用。由于城市的形成是在一定的规划设计背景下，城市街区在不同城市呈现不同的形态结构，按照一定的扩展方式蔓延、填充而形成格网式、环形放射状等形态，一个城市内的街区在大小和形状上不统一。

基于道路网将城市划分成若干个大小不一的街区，一个街区由若干条闭合的道路线围成。在根据道路网生成街区之前，为了保持道路的连通性，需要对道路网进行拓扑处理，去除重叠和独立的道路线。图6-2给出了纽约市的道路网分布，该道路网为城市道路的中心线，城市中的道路通畅、纵横交错。纽约市是典型的规划型城市，街区呈典型的格网式分布，因此街区的形状通常是类正方形或长方形。道路网为大规模道路网，包含264346个节点和730110条边，边的权重为道路距离。采用ArcGIS软件对道路网进行拓扑处理，然后将整个城市区域按照道路网划分成若干个街区。同时，对划分之后的街区进行了处理，将面积小于10平方米的区域进行合并或删除。最终得到31163个区域，划分后的城市街区见图6-3。

图6-2 纽约市道路网，底图来自OSM地图

图6-3 纽约市城市街区划分，底图来自OSM地图

将城市划分为若干个区域之后，对每个街区赋予唯一编码。在对用户的签到区域进行分析和推荐之前，需要将用户的兴趣点签到转换为区域签到。图6-4为用户的兴趣点签到和区域签到，图上带有箭头的黑色虚线表示用户的签到轨迹，图6-4（b）中的红色多边形表示用户的签到区域。可以看出，用户的签到兴趣点集合 $\{l_1, l_2, l_3, l_4\}$ 位于四个街区内，通过判断兴趣点所在区域范围，最终得到用户的签到区域集合 $\{r_1, r_2, r_3, r_4\}$。由于一个街区内可能包含1个或多个签到点，因此，用户的签到区域集合会小于签到点集合。用户签到区域的数量反映了用户在空间上的活动范围。

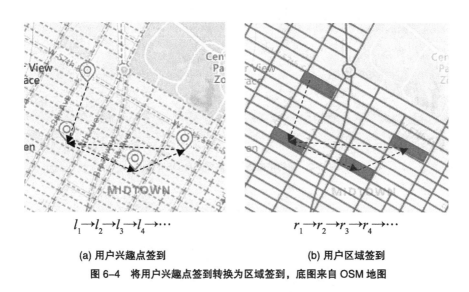

$l_1 \rightarrow l_2 \rightarrow l_3 \rightarrow l_4 \rightarrow \cdots$ $r_1 \rightarrow r_2 \rightarrow r_3 \rightarrow r_4 \rightarrow \cdots$

(a) 用户兴趣点签到   (b) 用户区域签到

图6-4 将用户兴趣点签到转换为区域签到，底图来自 OSM 地图

第三节 CBCD 城市兴趣区域推荐模型

本章的研究目标是基于用户的签到信息发现用户感兴趣的街区，建模用户的空间偏好，然后向用户推荐感兴趣区域。根据用户的历史签到

序列，结合城市街区发现了用户在已访问区域的偏好，却无法得知用户对从未访问过的区域的偏好。一方面，在日常生活中，用户经常访问自己熟悉的位置，对曾经访问过的位置感兴趣，且更喜欢访问距离家或工作地点较近的位置。因此，距离用户兴趣区域越远的街区对用户的吸引力越弱。另一方面，用户的访问偏好体现了用户在区域内对POI类别的偏好程度，当两个区域距离相近且拥有越多的共同类别时，用户对这两个区域的偏好越相似，而当类别相似的两个区域距离较远时，用户可能更倾向于访问距离自己较近的区域。因此，距离和区域类别是发掘用户潜在兴趣区域的两个重要因素。

本节介绍基于城市街区的个性化兴趣区域推荐模型，重点解决如何基于提取的活跃区域定义用户在未访问区域的潜在偏好程度的问题。受基于记忆的协同过滤思想的启发，通过计算未访问区域与活跃区域的相似性，判断用户在未访问区域的偏好得分，实现用户兴趣区域的连续性建模。

一、研究框架

图6-5为本章的研究框架，主要包括以下四个步骤。

（1）城市街区构建。将城市整体按照道路网划分为若干个街区，将用户的签到信息映射到这些区域中，将兴趣点签到转化为区域签到。

（2）用户活跃区域分析。依据用户的签到信息计算每个用户在区域的访问频率，用户访问频率越高，则说明该区域越受用户欢迎。

（3）潜在区域偏好得分。针对用户未签到过的潜在区域，提出基于空间邻近性和类别相似性的兴趣区域推荐方法，得到用户在未签到街区的潜在地理偏好和类别偏好。在空间邻近性上，采用基于欧氏空间中的最短路网距离来度量。在类别相似性上，采用两个街区共同拥有的POI类别数量来度量。最后基于统一的融合方法融合用户在未知区域的地理偏好和类别偏好得分，得到用户的综合偏好得分，实现用户在城市区域空间的连续性建模。

（4）兴趣区域推荐。根据用户对所有街区的综合偏好得分，向用户推荐 Top-k 个得分最高的街区。

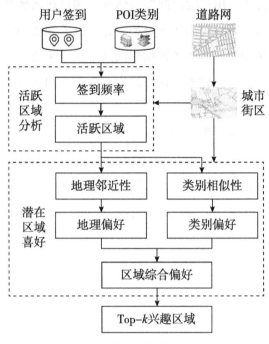

图 6-5 CBCD 模型的研究框架

二、路网距离约束的地理偏好建模

1. 路网距离计算

在兴趣点、兴趣区域的研究中，大多数学者在计算两点之间的距离时采用欧氏距离或大圆距离。当距离较近时欧氏距离能够近似地表示两点之间的距离，但不适用于大范围的距离计算。大圆距离的计算较为复杂，在小范围区域计算优势不明显。然而，对用户在城市内部的活动进行建模时，用户的活动受实际路网距离的影响，欧氏距离并不能准确地表示两点之间的距离。因此，最短路径距离能真实地考虑到用户的实际旅行距离，比欧氏距离更为直观和精确。同时，采用了城市街区作为研究的基本单元，最短路径能更真实地反映区域之间的地理距离。如图6-6所示，橙色实线表示区域之间的欧氏距离，紫色实线表示两个区域间的最短路径，两者在长度上比值为0.75，差距较大。

在最短路径的计算方式上，将城市道路网处理为无向图，提取每个街区的中心点，采用 Dijkstra 算法计算得到任意两个街区中心点之间的最短路径作为两个街区之间的距离。

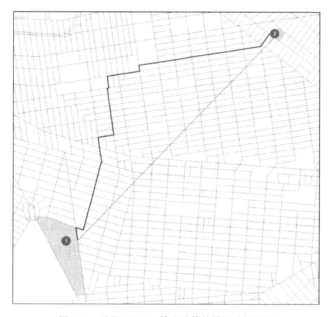

图 6-6　采用 Dijkstra 算法计算的最短路径示例

2. 地理偏好推荐

已有学者研究了用户访问位置的可能性，发现是与距离成反比。同时，根据图4-2的签到距离分布特征，在地理影响中加入过滤机制，选择地理上邻近的区域，而不是所有的兴趣区域，从而增强地理相关性，提高推荐性能。采用已有研究得出的结论，在此基础上，结合区域中心点之间的最短路径距离来度量空间中两个区域之间的地理上的邻近性。给出区域 r_1 和 r_2，其空间邻近性定义如下：

$$Sim_{spatial}(r_1,r_2) = \begin{cases} d(r_1,r_2)^{-1}, & \text{if } d \leq \theta_{dis} \\ 0, & \text{if } d > \theta_{dis} \end{cases} \quad (6-1)$$

式中，$d(r_1,r_2)$ 为 r_1 和 r_2 的最短路径距离，距离越远，$Sim_{spatial}(r_1,r_2)$ 值越小，表明区域 r_1 和 r_2 邻近性越小。

假设用户 u 有 m 个活跃区域 $R_{u,a} = \{r_1,r_2,\cdots,r_m\}$，则仅考虑地理影响时，用户对未访问区域 r_j 的地理偏好度为：

$$p_{spatial}(r_j) = \frac{\sum\limits_{r_i \in R_{u,a}} freq_{u,r_i} \cdot Sim_{spatial}(r_j,r_i)}{\sum\limits_{r_i \in R_{u,a}} Sim_{spatial}(r_j,r_i)} \quad (6-2)$$

式中，$R_{u,a}$ 为用户 u 的活跃区域，$freq_{u,r_i}$ 为用户 u 在 r_i 签到的频率。可以看出，用户对 r_j 的偏好为用户的活跃区域对该区域的地理影响力的和。

三、基于区域类别相似性的偏好建模

在判断两个区域之间的相似性时，除了区域之间地理属性的相似性外，区域内 POI 的类别组成也起着至关重要的作用。当两个区域拥有越多相同的类目，则它们的城市功能越相似。给出区域 r_1 和 r_2，基于 Jaccard 相似度计算方法，对类别相似性定义如下：

$$Sim_{category}(r_1,r_2) = \frac{|C_{r_1} \cap C_{r_2}|}{|C_{r_1} \cup C_{r_2}|} \quad (6-3)$$

式中，C_{r_1}、C_{r_2} 分别为区域 r_1 和 r_2 中包含的类别种类。$Sim_{category}(r_1,r_2)$ 值越大，表明区域 r_1 和 r_2 相似性越大。

假设用户 u 有 m 个活跃区域 $R_{u,a} = \{r_1,r_2,\cdots,r_m\}$，则当仅考虑类别时，

用户对未访问区域 r_j 的类别偏好度为：

$$p_{category}\left(r_j\right)=\frac{\sum\limits_{r_i\in R_{u,a}}freq_{u,r_i}\cdot Sim_{category}\left(r_j,r_i\right)}{\sum\limits_{r_i\in R_{u,a}}Sim_{category}\left(r_j,r_i\right)} \qquad（6-4）$$

式中，$R_{u,a}$ 为用户 u 的活跃区域，$freq_{u,r_i}$ 为用户 u 在 r_i 签到的频率。$p_{category}$ 值越大，表明 r_j 对用户的潜在吸引力越大。可以看出，用户对 r_j 的偏好为用户的活跃区域与该区域的类别相似性的和。

四、综合偏好

由空间邻近性和类别相似性可知，当两个区域具有相似的区域功能且距离较近时，越有可能吸引用户，成为用户的潜在兴趣区域。线性加权和乘积是融合多种偏好最直接的两种方式，得到了广泛的应用。当综合考虑用户的地理和类别偏好时，由于地理模型的性能随地点的变化而变化，简单的加权平均很难根据用户上下文动态地分配这两个权重。因此，采用乘积方式计算用户的综合偏好。对于用户已访问区域，采用签到次数表示用户对该区域的偏好。同时考虑地理和类别影响，用户对未访问区域 r_j 的综合偏好度为：

$$p_{u,r_j}=\begin{cases}p_{spatial}\left(r_j\right)\cdot p_{category}\left(r_j\right),\ \text{if }r_j\in R_{u,a}\\ freq_{u,r_j}, & \text{else}\end{cases} \qquad（6-5）$$

式中，p_u 值越大，表明 r_j 对用户的潜在吸引力越大。

至此，针对所有用户在城市内所有区域的偏好进行了连续性建模。最后，向用户推荐 Top-k 个得分最高的街区，帮助用户在 LBSNs 的海量数据中找到自己感兴趣的位置，从而探索新的兴趣点和新的兴趣区域。

第四节　实验设置

一、实验数据

　　实验数据包括 Foursquare 的公开数据集和纽约市的道路网。Foursquare 数据包含了用户唯一编码、兴趣点唯一编码、兴趣点类别、时间戳、经度和纬度等信息。主要研究用户在纽约市的兴趣区域分析，因此在原数据集的基础上删除了用户在纽约市以外的签到记录，原始数据集的统计信息见表 1-3。

　　删除了纽约市以外的签到记录后，部分用户的签到记录会显著减少。因此，为了缓解数据稀疏性的影响，对 Foursquare 数据集移除签到次数少于 10 次的用户。经过数据预处理，共有 1008 个用户，30497 个兴趣点，总签到次数为 181876，每个兴趣点至少被访问一次。数据集中 POI 类别包括 9 大类，251 个子类。图 6-7 给出了 Foursquare 数据集的签到点空间

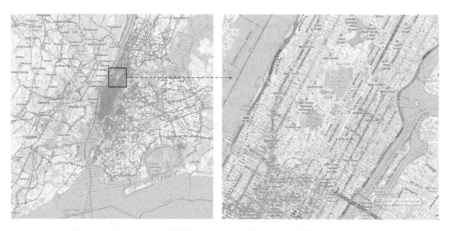

图 6-7　Foursquare 数据集中纽约市内签到点，底图来自 OSM 地图

分布，同时截取了用户在中央公园附近的签到情况，可以看出，用户的总体签到具有明显的沿街道分布的特征。

为了验证兴趣区域预测模型的有效性，将每个用户的签到历史记录按照 8：2 的比例划分到训练集和测试集中。即选择每个用户的签到序列的前 80% 作为训练集，最后 20% 的签到作为测试集。

二、评价指标

主要评估目标是查看用户的签到兴趣区域是否出现在返回区域列表。具体来说，对于测试数据集中的每一个签到，获得其所在区域编号，然后判断该区域是否在推荐列表中。使用准确率、召回率和 F1 分数作为评价指标，这三个指标是常见的用于衡量推荐性能的指标。每个用户的准确率、召回率和 F1 分数的平均值表示模型整体的准确率、召回率和 F1 分数。

用户 $u \in U$ 的准确率的计算公式如下：

$$\text{Precision}_u @ k = \frac{\left| R_u(k) \cap F_u \right|}{\left| R_u(k) \right|} \qquad (6\text{-}6)$$

式中，k 为推荐列表的长度，$R_u(k)$ 为通过模型计算得到的推荐兴趣区域列表，F_u 为用户在测试集中访问的兴趣区域集合，$\left| R_u(k) \cap F_u \right|$ 为推荐的兴趣区域列表中被用户真实签到过的区域。

用户 $u \in U$ 的召回率的计算公式如下：

$$\text{Recall}_u @ k = \frac{\left| (u,t,c) \middle| (u,t,c) \in R_u(k) \right|}{\left| T_u \right|} \qquad (6\text{-}7)$$

式中，k 为推荐列表的长度，T_u 为用户在测试集中的签到集合，(u,t,c) 为测试集 T_u 中用户 u 的一次签到记录，$R_u(k)$ 为通过算法计算得到的推荐兴趣区域列表，$\left| (u,t,c) \middle| (u,t,c) \in R_u(k) \right|$ 为签到记录 (u,t,c) 位于推荐列表的某一个兴趣区域中。

为了全面评测 Top-k 推荐的性能，选取不同的推荐列表长度 k，k 值分别设置为 1、5、10、20。

三、对比方法

采用城市街区为基本单位进行用户的行为分析和兴趣区域推荐，与已有基线方法进行比较。对比方法全部使用 Python 及其开放源代码包实现。

（1）UCF：基于用户的协同过滤推荐算法，找到具有相同区域偏好的用户，向用户推荐相似用户经常访问的区域。采用余弦相似度计算用户相似性，用户在区域的访问频率作为用户对该区域的偏好度，记为 UCF。

（2）MFR：用户访问最频繁签到的区域（Most Frequent Region, MFR），向用户推荐签到次数最多的街区，该方法为非个性化的推荐，因为假设所有用户的空间偏好是相同的。

（3）CBCD$^+$：使用线性加权的方式将地理偏好和类别偏好进行融合，在线性加权之前对 $p_{\text{spatial}}\left(r_j\right)$、$p_{\text{category}}\left(r_j\right)$ 进行标准化。

（4）CBCD：提出的个性化兴趣区域推荐方法，其中 SpatialRR 为路网距离约束的地理偏好模型，CategoryRR 为基于区域类别相似性的偏好模型。

第五节　实验结果与分析

本章通过实验分析用户兴趣区域并评估所提出的兴趣区域推荐方法的性能。首先，基于道路网分割后的城市街区对用户在区域内的签到特征进行分析；其次，围绕用户区域内签到频率，结合 σ_{freq} 整体分析了用户活跃度；再次，分析了几种兴趣区域推荐模型在真实数据集上的整体推荐性能；最后，对 θ_{dis} 和 σ_{freq} 参数的取值进行性能分析，并对某用户的区域偏好得分进行可视化分析。

一、区域签到特征分析

为了更好地展示划分结果，对街区面积、签到次数进行统计分析。图 6-8 为不同面积下的街区占街区总数量的比例的统计图，有 53.52% 的区域面积为 $1 \times 10^4 \sim 2 \times 10^4$ m²，4.35% 的区域面积大于 5×10^4 m²。80.41% 的区域面积为 $0.5 \times 10^4 \sim 2.5 \times 10^4$ m²，这说明绝大部分的街区面积都小于 2.5×10^4 m²。对大于 2.5×10^4 m² 的区域进行分析，发现面积较大的区域多为公园、广场等。

图 6-9 为不同签到次数下的街区占街区总数量的比例的统计图，其中，72.43% 的区域内没有签到记录。没有签到记录说明该区域内没有用户访问记录，可能是由于该区域内没有兴趣点、兴趣点冷门或者为用户禁止访问区域等。可以发现，被签到的区域数量随着签到次数的增加而显著地降低，大部分的区域签到次数在 20 次以下，占总数量的 21.31%，仅有 6.26% 的街区签到次数大于 20 次。在接下来的分析中，将排除没有任何访问记录的街区，仅对有签到的街区进行分析。

图 6-10 为区域面积和区域内签到次数的散点图，可以看出区域的面积大小与签到次数不呈线性比例关系，区域面积越大并不代表签到数量越多。两者的皮尔逊相关系数为 0.30（p-value<0.01），这说明用户的签到行为与街区面积没有显著的相关性。与基于规则格网的划分相比，虽然基于道路网的划分将区域划分成大小不一的区域，却能够有效地消除面积大小对签到数量的影响，用户的签到行为可能与区域内的兴趣点有关。

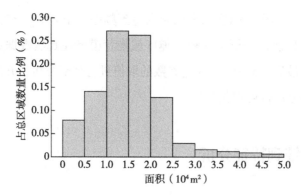

图 6-8　区域面积统计图

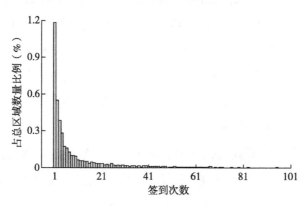

图 6-9　区域签到次数统计图

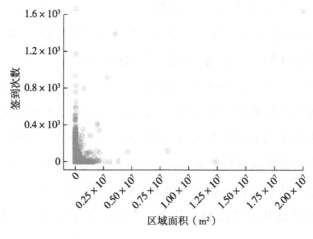

图 6-10　区域面积与签到次数散点图

图 6-11 为区域内签到次数和 POI 类别数据的散点图，可以看出，区域内签到次数和类别数目呈显著的正向相关性，两者的皮尔逊相关系数为 0.83（p-value<0.01）。这说明区域内 POI 类别越多，签到次数越多。因为当区域内 POI 类别越多时，该区域城市功能越丰富，能够满足不同用户的多种需求，对用户的吸引力越大，因此签到次数越多。

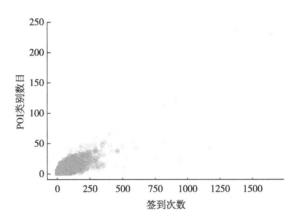

图 6-11 区域签到次数与区域内 POI 类别数目散点图

二、用户活跃度分析

本节对用户的平均签到区域数量和每个区域平均签到次数进行了分析。首先，对用户的签到区域数量进行分析，见图 6-12。结果显示，平均每个用户的签到区域数量为 52.77，94.54% 的用户的签到区域数量低于 100，这说明用户的平均签到活动比较活跃。用户的签到区域数量在 50 左右时用户数量最多。

其次，对用户在区域的平均签到次数进行分析，所有用户的平均签到次数为 3.08，这说明每个用户在自己访问过的区域平均签到 3.08 次。图 6-13 为用户在区域的平均签到次数的统计图，纵坐标表示用户比例，横坐标表示平均签到次数的范围（左闭右开）。用户在区域的平均签到次数越多，说明用户的区域偏好越显著。可以看出，分别有 35.32% 和 34.14% 的用户在区域的平均签到次数位于 [1,2) 和 [2,3)，92.06% 的用户平均签到次数低于 10 次。这说明大多数用户会倾向于访问自己曾经访问过的区域。

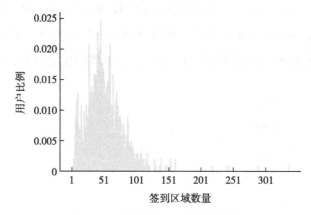

图 6-12 用户的签到区域数量统计图

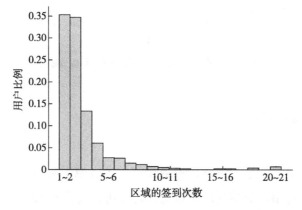

图 6-13 用户的区域平均签到次数统计图

根据用户的历史签到记录，用户当前活跃区域受区域活跃度阈值 σ_{freq} 的影响。其取值决定了用户活跃区域的数量。σ_{freq} 的值越大，则用户兴趣区域越少。当 σ_{freq} 为 0 时，表明凡是用户签到过的区域均为用户活跃区域。

图 6-14 为不同阈值下用户活跃区域数量占该用户总签到数量的比值的箱线图。其中，σ_{freq} 的取值分别设置为 [0.001,0.005,0.01,0.02,0.05,0.1,

0.2]。橘色横线表示中位数，红色圆表示异常值，绿色圆表示平均值。然而，对于 σ_{freq} 取何值能够更准确地识别用户的兴趣区域，并帮助预测用户潜在的兴趣区域，将在第四小节的实验中进行验证。

结合图 6-14 对活跃度的取值进行分析，当 σ_{freq} 取值 0.001 和 0.005 时，分别有 99.3% 和 76.79% 用户的兴趣区域数量占比仍为 1。这说明，当参数太小时，活跃度仅能减少少量用户的兴趣区域数量。随着参数的逐渐增大，越来越多的用户的兴趣区域占比降低。当 σ_{freq} 取值 0.05、0.1 和 0.2 时，分别有 67.46%、90.18% 和 96.13% 用户的兴趣区域数量占比低于 20%。这说明，当参数大于 0.05 时，对于大部分用户来说，σ_{freq} 能够选出访问最频繁的区域。

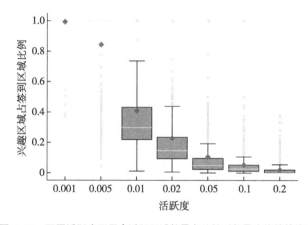

图 6-14　不同活跃度下用户活跃区域数量占总签到数量比值的箱线图

三、整体性能分析

本节根据用户活跃区域，基于推荐算法对用户的兴趣区域进行推荐。其中，签到频率阈值 σ_{freq} 取 0.001，SpatialRR 模型中距离阈值 θ_{dis} 设置为无穷大，参数分析见第四小节。同时，k 取值越大将越有助于用户发现更多的兴趣区域。因此，k 分别取 1、5、10、20。

图 6-15 为不同推荐方法的推荐准确率、召回率和 F1 分数的柱状图。随着 k 值增大，推荐结果中用户在测试集中真正签到的区域增加，因此召回率增大；而与此同时，用户未签到的区域也增加，因此准确率降低。总体上来说，考虑了区域地理影响和类别影响的方法在推荐精度上明显高于仅考虑了地理影响和类别影响的方法。在 Top-1 情况下，SpatialRR 和 CBCD 具有几乎相同的推荐准确率、召回率和 F1 分数，且准确率达到 75.40%，这说明两种方法能够较准确地找到用户最感兴趣的区域之一。同时，CategoryRR 在推荐性能上明显低于 SpatialRR，这说明 LBSNs 中用户签到活动的空间规律性更显著。CategoryRR 能够捕获区域类别相似性，但没有考虑距离影响，在类别上相近但距离较远的区域对用户吸引力较低。

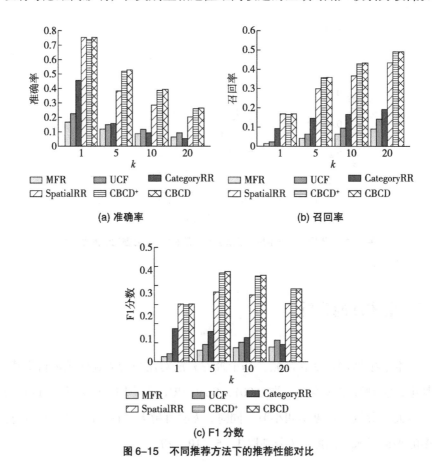

图 6-15　不同推荐方法下的推荐性能对比

CBCD 推荐性能明显高于 UCF 和 MFR 两种基线方法。UCF 方法仅考虑了相似用户的偏好，没有考虑到用户签到的地理和类别影响，MFR 方法采用了非个性化的建模方式，且没有对所有区域进行连续性建模。这说明 CBCD 能够很好地捕获用户的地理偏好和类别偏好，提高推荐精度。CBCD+ 也表现出较好的性能，但在推荐性能上略低于 CBCD 方法。

四、模型参数分析

CBCD 模型融合了地理偏好模型 SpatialRR 和类别偏好模型 CategoryRR，模型中参数的确定决定了推荐精度，以下分别对模型中的参数设置进行说明。主要参数包括签到频率阈值 σ_{freq} 和距离阈值 θ_{dis}，分别针对两个阈值进行了两组实验。对于不同的 k 值，四种方法的相对表现基本相同，因此对参数影响进行分析时，k 取 10。

首先，在距离阈值 θ_{dis} 为无穷大的情况下，将 σ_{freq} 依次取值为 [0.001, 0.005,0.01,0.05,0.1]。图 6-16 为三种方法在不同频率阈值下的准确率、召回率和 F1 分数。当阈值为 0 时，表示将用户所有访问过的区域作为兴趣区域。可以看出，随着阈值增大，三种方法的准确率、召回率和 F1 分数均呈下降趋势，当 σ_{freq} 小于 0.001 时精度较高。当逐渐增加访问频率阈值时，大于该阈值的兴趣区域被保留，用户兴趣区域数量减少，推荐精度逐渐降低，这说明用户对曾访问过的区域均具有一定的偏好，对提高推荐精度都起到了一定的作用。因此，虽然 σ_{freq} 可以选取用户最感兴趣的若干个区域，但在当前应用场景下，σ_{freq} 取值小于 0.001 更为合适。

其次，为了探究 θ_{dis} 参数对地理偏好模型的影响，在保持 σ_{freq} 为 0.001 的情况下将 θ_{dis} 依次取值为 [0.2,0.5,1.0,1.5,2.0,2.5,3.0,3.5,4.0,4.5,5.0]（单位：km）。在 SpatialRR 中依次加入距离阈值进行分析，比较 SpatialRR、CBCD 在不同参数下的推荐性能。图 6-17 为两种方法在不同距离阈值下的准确率、召回率和 F1 分数。可以看出，随着阈值的增大，两种方法的

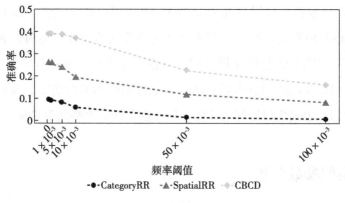

(a) 准确率

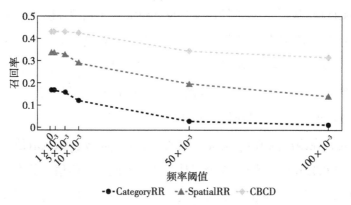

(b) 召回率

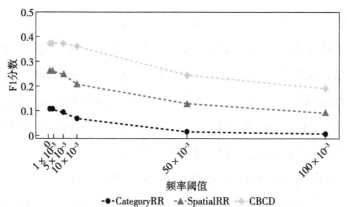

(c) F1 分数

图 6-16　不同频率阈值下推荐性能对比

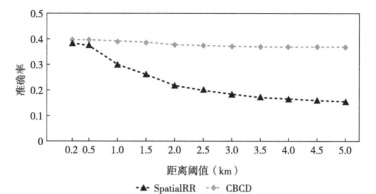

(a) 准确率

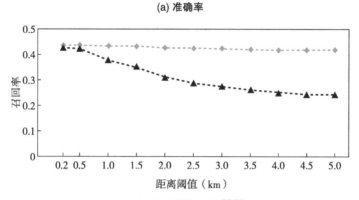

(b) 召回率

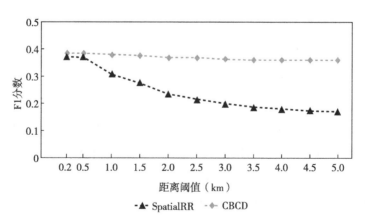

(c) F1 分数

图 6-17 不同距离阈值下推荐性能对比

准确率、召回率和 F1 分数均呈下降趋势，SpatialRR 下降趋势明显，而 CBCD 整体趋于平稳。这说明当逐渐缩小用户兴趣区域的影响范围时，推荐精度逐渐升高，用户倾向于访问自己经常访问区域的周边区域。当阈值小于 500 m 时，推荐精度上升缓慢，计算复杂度增加，因此，可以认为 500 m 是一个合适的距离阈值。

最后，与图 6-15 相比，当阈值小于 500 m 时，两种方法的准确率、召回率和 F1 分数差距很小，这说明距离阈值能够提高 SpatialRR 方法的推荐精度。通过限制兴趣区域的地理影响，仅将用户经常访问区域的周边区域赋予权重，是提高推荐精度的有效方法。

五、案例分析

为了清晰地表示用户的兴趣区域以及距离阈值对地理模型的影响，将某用户的签到点和街区偏好得分进行可视化。图 6-18 为 SpatialRR、CategoryRR 和 CBCD 三种方法下的区域得分的空间分布。其中，图 6-18(a) 表示不设置距离阈值的 SpatialRR 模型，图 6-18(b) 表示距离阈值为 500 m 的 SpatialRR 模型，图 6-18(c) 表示 CategoryRR 模型，图 6-18(d) 表示距离阈值为 500 m 的 CBCD 模型。σ_{freq} 均为 0.001。灰色区域表示该区域没有任何签到，可以认为是禁止签到区域或冷门签到区域，在分析过程中不考虑这些街区。

可以看出，CategoryRR 方法计算得到的类别偏好得分在城市街区中的空间分布比较分散，而类别相近的但距离较远的区域对用户的吸引力较小，难以有效地区分出用户的区域偏好；SpatialRR 方法计算得到的地理偏好得分中分值较高的区域集中分布于两个区域，同时，距离阈值能够明显识别出用户的签到热点区域，与 CategoryRR 相比取得了较好的效果；CBCD 方法计算得到的综合偏好得分较高的街区主要分布在用户频繁签到的区域及其周围，CBCD 方法能够较为准确地找出用户的感兴趣区域，且表现得更为稳定。

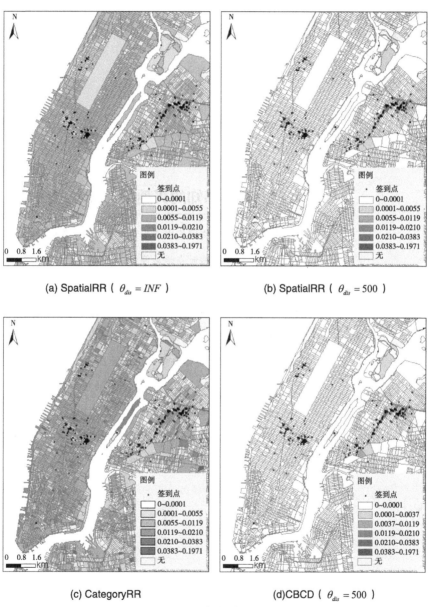

(a) SpatialRR（$\theta_{dis} = INF$）

(b) SpatialRR（$\theta_{dis} = 500$）

(c) CategoryRR

(d) CBCD（$\theta_{dis} = 500$）

图 6-18　用户的兴趣区域分布

7

第七章

时空上下文感知的兴趣活动推荐方法

基于位置的社交网络中产生了大量的用户签到信息，可以帮助理解移动用户的时空活动偏好，从而实现个性化的上下文感知的用户活动分析与推荐。然而，对特定用户的时空活动偏好建模需要处理高维数据，即用户—位置—时间—签到，这是复杂的且通常会存在数据稀疏问题。因此，为了解决这个问题、了解用户的时空行为模式、对用户时空活动偏好进行建模，本章在第四章用户签到时间和地理特征的基础上，提出了一种时空上下文感知的用户兴趣活动推荐方法（STUAR）。以 Foursquare 数据为例，测试了所提方法的有效性，并对结果的精确率、召回率等指标进行了分析。

目前，已有研究学者基于社交媒体数据和用户上下文信息实现用户兴趣点分析，当试图使用特定的兴趣点精确预测位置时，结果可能是低准确度的。但是在很多情况下，人们往往不需要非常精确的位置，利用社交媒体用户的历史签到数据来预测用户的兴趣活动仍然是非常有价值的。通过发掘这些活动记录，能够更精确地根据当前上下文信息推断用户时空活动偏好，从而支持各种基于位置的应用。兴趣活动推荐最直接的应用是为兴趣点推荐提供基础，可以在预测的签到活动类别的基础上来预测用户的可能感兴趣的位置，有效规避传统兴趣点推荐中存在的不平衡性问题。例如，知道张某在某一时间和地点通常会去中餐馆吃饭，那么向其推荐附近的一家中国菜馆就很有吸引力。另外，通过了解用户群体的活动偏好，可以更好地实现实时的群体广告。例如，一家服装店正在进行团购优惠，如果知道该地区有 5 个用户对服装店感兴趣，那么向他们推荐该优惠信息将会吸引用户参与。

LBSNs 中用户的签到活动往往受到当前所处时间、空间上下文的影响。首先，已有研究表明，距离用户位置越近的地点被访问的概率越大，而且人们倾向于去他们曾经访问过的地点的附近。所以，当用户当前位于某位置时，可以根据用户曾经访问过的兴趣点或区域预测当前的活动偏好。其次，通过调查用户在其常去区域的活动，可以发现用户经常在特定的时间段访问特定区域内的特定类别的兴趣点，例如用户经常在凌晨 12 点到 1 点去酒吧，在工作日的 11 点到 12 点去车站。考虑到当前上下文（即时间和地点）信息，用户会对哪些活动感兴趣、将会访问哪些区域或兴趣点，用户的空间活动偏好和时间活动偏好是通过建模解决该问题的关键。

然而，基于用户的历史签到数据对用户的时空行为偏好建模是具有挑战性的，现有研究还存在以下问题：①签到数据通常是稀疏的，表现为包含四个数据维度的四元组，即用户—位置—时间—活动，直接从这种稀疏的高维数据中发现其规律性是困难和复杂的；②与连续采样的用户活动数据（如 GPS 轨迹数据）不同，用户在社交媒体的签到行为受用户自身的影响，其签到行为是不定期的，在空间上是复杂多变的；③用户的活动偏好通常是上下文感知的，即用户的活动偏好和其所处的环境（时间和地点）相关，结合用户的时间和空间上下文发掘用户活动偏好是困难的。因此，解决 LBSNs 中的签到数据稀疏性问题，捕获用户的时间和空间偏好，是判断用户兴趣区域、进行用户当前上下文活动偏好分析的重要因素。

针对上述研究问题，本章通过利用 LBSNs 中用户的签到历史记录对用户兴趣活动进行建模，为了降低问题的复杂度，分别考虑了 LBSNs 中用户活动偏好的时间和空间特征。首先，为了获取空间特征，将城市分割成格网单元，通过参数设置为每个用户建立个人兴趣格网，以此来推断用户的空间活动偏好。其次，为了解决时间特征的数据稀疏问题，采用非负的张量分解方法捕获其他相似的用户活动，协同建立用户的时间活动偏好模型。最后，将空间活动偏好和时间活动偏好的特征进行融合。该模型基于空间分析和张量分解方法改善了用户签到数据的稀疏性，对用户兴趣区域进行了定量分析，提高了兴趣活动推荐的精准度。

本章的组织结构如下：第一节详细介绍了本章涉及的数据结构和相关概念；第二节介绍了顾及时空上下文特征的兴趣活动推荐模型，分别对研究框架、空间活动偏好建模、时间活动偏好建模、融合框架等进行详细介绍；第三节介绍了实验环境设置，包括实验数据、评价指标和对比方法；第四节对整体性能、模型参数和不同活动类别的推荐性能进行了分析和讨论，并给出了相关案例分析。

第一节　问题定义

本节对涉及的数据结构和相关概念给出详细的定义与说明。表7-1列出本章涉及的符号及解释说明。

表 7-1　第七章相关符号及含义

符号	含义
U	LBSNs 中所有用户的集合，$|U|$ 表示数据集中的用户数量
u	任意用户，$u \in U$
G	所有格网集合，$|G|$ 表示格网数量
g	任意格网，$g \in G$
C	数据集中的类别集合
c_i	任意活动类别，$c_i \in C$
L_u	用户 u 访问的兴趣点集合，$L_u = \{l_1, l_2, \cdots, l_n\}$
G_u	用户 u 访问的格网集合，$G_u = \{g_1, g_2, \cdots, g_m\}$
$freq_{u,g}$	用户 u 在格网 g 的签到频率
$ratio_{u,g}$	用户 u 在格网 g 的偏好偏差比

格网（Grid）。依据统一规则，将区域按照一定经纬度或距离进行连续分割，并将空间不确定性控制在一定范围内，形成规则多边形，每个多边形均称为格网单元，实现地面空间离散化，并赋予统一编码。

签到频率（Check-in frequency）。用户 u 在 g_i 中的签到数量占总签到数量的比例，计算公式如下：

$$freq_{u,g_i} = \frac{\left| A_{u,g_i} \right|}{\sum\limits_{g_j \in G_u} \left| A_{u,g_j} \right|} \qquad (7-1)$$

式中，$\left| A_{u,g_i} \right|$ 表示用户 u 在 $g_i \in G_u$ 的签到数量，G_u 表示用户签到过的格网集合。

活动（Activity）。在基于位置的社交网络中，用户的活动通常表示为用户签到。而用户签到的兴趣点类别远远小于兴趣点数量，可以从语义层面上表示用户在特定时间和位置参与的活动。本书将兴趣点所属类别定义为用户活动。

用户活动张量（User activity tensor）。用户活动张量 $Y \in \mathbb{R}^{|U| \times |T| \times |C|}$ 构建于用户的历史签到记录，张量中每一个元素代表用户 $u \in U$ 在当前位置 $l \in L$ 对类别 $c \in C$ 的签到频率（如微博、Foursquare）或评分（如 Yelp）。

时空上下文感知（Spatiotemporal context-aware）。将时空上下文信息引入个性化兴趣推荐，本章的上下文感知是指将上下文信息同时引入用户偏好提取和推荐生成过程，包括时空上下文用户偏好提取、基于当前上下文和上下文用户偏好的推荐生成。

兴趣活动推荐（Activity recommendation）。给出 LBSNs 中用户的历史签到集合 L、兴趣点的类别 C，本节兴趣活动推荐的目标是根据每个用户签到的空间特征和时间特征，基于用户当前所处时间和位置，为用户推荐感兴趣的 Top-k 个活动 $\hat{C}_u = \{c_1, c_2, \cdots, c_k\}$。

第二节 STUAR 兴趣活动推荐模型

本章的研究目标是基于用户历史签到信息捕捉用户签到活动的空间特征和时间特征，发现用户的空间活动偏好和时间活动偏好，然后根据用户当前所处位置和时间，向其推荐可能感兴趣的活动。在日常生活中，如果用户频繁地访问某一区域内的兴趣点，那么距离这些兴趣点较近的其他兴趣点被签到的可能性就会更高，而随着距离的增加，签到的可能性就会降低。一方面，用户空间偏好建模是以该假设为基础，能够直观地发现用户感兴趣的活动区域。另一方面，用户的签到行为受时间因素的影响，在不同时间段的签到活动存在显著的差异。因此，地理偏好和时间偏好是发掘用户兴趣活动的两个重要因素。

本节介绍基于地理和时间影响的个性化兴趣活动推荐模型，解决如何基于用户在空间的活动偏好和不同时间段的活动偏好定义用户在当前上下文的活动偏好分布。受混合型推荐思想的启发，通过比较用户在当前时间和地点下的时间活动偏好与空间活动偏好，综合判断用户可能感兴趣的活动类别。

一、研究框架

图 7-1 为本章的研究框架，主要包括以下四个步骤。

（1）空间活动偏好建模。首先将城市划分为若干个大小相同的规则格网，将用户的签到信息映射到这些格网中。其次计算每个区域的访问频率和类别偏好偏差比，通过设置频率阈值和偏好偏差比阈值获得用户的兴趣格网集合。最后基于兴趣格网推断用户在当前位置的空间活动偏好。

（2）时间活动偏好建模。首先根据用户签到记录构建一个用户—时间—类别的三维张量，其次利用非负张量分解方法获得用户—时间—类别的偏好值。最后基于张量分解结果推断用户在当前时间下的活动偏好。

（3）推荐成功率矩阵。使用验证数据集分别计算空间和时间活动偏好模型在格网上的成功率。

（4）兴趣活动推荐。在测试数据集中，根据成功率矩阵推断用户活动偏好，采用成功率较高的模型作为推荐结果。

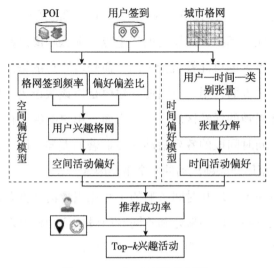

图 7-1 STUAR 模型的研究框架

二、基于格网偏好的空间活动偏好建模

本节基于规则格网对用户空间活动偏好进行建模。具体思路是先将城市区域划分为格网区域，并统计格网访问频率和类别偏好值；然后采用兴趣格网来推断用户空间偏好。与第六章不同的是，本节采用基于格网的方法来分割城市区域，并不是基于街道的分割，因为在跨越多个城市的区域和小城市的情况下，道路网在可靠性、一致性上具有不确定性，且预处理复杂，而格网划分具有通用性。

（一）格网偏好度计算

研究区域被划分成大小相同的规则格网，而用户在每个格网的偏好是不同的。本章从以下两个角度评估用户在格网的偏好度。第一，用户在格网内签到频率是格网受欢迎程度的一个直接指标，从直觉上看，一个地区被签到的次数越多，说明该区域越具有吸引力。第二，为了描述用户在活跃区域的签到偏好，需要定量测量用户在其活跃区域的签到多样性。因为在用户经常访问的区域中，他们通常只访问其中几个类别，而不是所有类别。本书使用偏好偏差比来表征用户在格网的行为偏好。

本章第二节对签到频率进行了定义，以下分别对格网偏好偏差比的计算方式进行说明。偏好偏差比衡量用户 u 在格网 g_i 中的类别偏好度。假设格网 g_i 中共有 $\left|C_{g_i}\right|$ 个类别的 POI，用户访问了其中 k 个类别 $C_{u,g} = \{c_1, c_2, \cdots, c_k\}$ 的 POI，偏好偏差比衡量了 u 在 $g_i \in G_u$ 的签到类别分布熵 ψ_{u,g_i} 和类别分布最大熵之间的分数差，计算公式如下：

$$ratio_{u,g_i} = 1 - \frac{\psi_{u,g_i}}{\ln\left|C_{g_i}\right|} \qquad (7-2)$$

$$\psi_{u,g_i} = -\sum_{c_i \in C_{u,g_i}} p_{r_i,g_i} \ln_2\left(p_{g_i,c_i}\right) \qquad (7-3)$$

式中，$\left|C_{g_i}\right|$ 为格网 g_i 中存在的 POI 总类别数，p_{g_i,c_i} 为用户在 c_i 的签到次数占 g_i 中总签到次数的比值，C_{u,g_i} 为用户 u 在格网 g_i 签到过的类别。假定用户在所有类别 C_{g_i} 的签到是平等的，没有明显的偏好，因此采用 $\log_2\left|C_{g_i}\right|$ 表示用户在签到类别的最大熵。$ratio_{u,g_i} \in [0,1]$，值越高，表示用户 u 在 g_i 有更强的活动偏好。

（二）空间偏好推理

在计算每个格网的签到频率和偏好偏差比后，通过引入参数 σ_{freq} 和 θ_{ratio} 获得用户感兴趣的格网集合 G_u^c，格网集合 G_u^c 形成的区域为用户感兴趣格网。获得用户兴趣格网区域的基本思路是，首先计算用户在所有区域的签到数量，获得用户签到所在的格网集合 G_u。然后依次扫描用户访问格网 $g_i \in G_u$，计算访问频率 $freq_{u,g_i}$，如果该区域是用户频繁访问的区域（即访问频率大于或等于阈值 σ_{freq}），计算偏好偏差比 $ratio_{u,g_i}$。如果 $ratio_{u,g_i}$ 大于或等于 θ_{ratio}，则 g_i 将作为用户的兴趣格网。检查完用户在所有区域的签到点，得到用户的兴趣格网集合 $G_{u,a}$。可以看出，用户兴趣区域发现过程中需要确定两个参数，σ_{freq} 决定了用户在格网的活跃度，θ_{ratio} 表示用户在格网中的活动偏好偏差度。σ_{freq} 和 θ_{ratio} 值越大，$G_{u,a}$ 集合越小，得到的格网人气越高。兴趣格网发现算法见表 7-2。

表 7-2　兴趣格网发现算法

输入：用户 u 的签到记录 L_u，参数 σ_{freq} 和 θ_{ratio}
输出：用户 u 的兴趣格网列表 $G_{u,a}$

1.	初始化 $G_{u,a} = \varnothing$
2.	根据用户签到记录统计用户在 G_u 的签到数量
3.	For G_u 中的每个区域 r_i do
4.	根据式（7-1）计算 $freq_{u,r_i}$
5.	If $freq_{u,r_i} \geqslant \sigma_{freq}$ do
6.	根据用户签到记录统计用户在 G_u 的签到类别及数量
7.	根据式（7-2）计算 $ratio_{u,r_i}$
8.	If $ratio_{u,r_i} \geqslant \theta_{ratio}$ then
9.	将 r_i 添加到用户兴趣格网列表 $G_{u,a}$ 中
10.	End if
11.	End if
12.	End for

获得了用户的感兴趣格网集合后，使用 G_u^c 推断用户活动偏好。在已知用户当前位置 l 的情况下，首先计算单个格网的影响，然后利用加权平均法计算所有格网的活动偏好分布。根据已有研究得出的结论，采用以下权重函数：

$$w_{l,g} = d\left(l, g\right)^{-1} \tag{7-4}$$

式中，$d\left(l, g\right)$ 为用户当前位置 l 和格网 g 的中心点的距离，距离越远，$w_{l,g}$ 值越小，表明格网对用户的空间吸引力越小。

假设用户 u 有 m 个兴趣格网 $G_{u,a} = \left\{g_1, g_2, \cdots, g_m\right\}$，则用户 u 在位置 l 处的空间活动偏好为：

$$\psi_{u,l} = \left\{\sum_{g_i \in G_{u,a}} \psi_{u,g_i,c_j} \bullet w_{l,g_i} \middle| c_j \in C\right\} \tag{7-5}$$

式中，$G_{u,a}$ 为用户 u 的兴趣格网集合，ψ_{u,g_i,c_j} 为用户 u 在 g_i 内对 c_j 的签到频率，C 为所有的活动类别。可以看出，用户在 l 处对 c_j 的空间偏好为 G_u 对该活动的偏好在 l 处的地理影响力的和。

三、基于非负张量分解的时间活动偏好建模

由于签到数据的稀疏性和用户签到活动的时间特性，本节利用与用户相似的其他用户的签到活动，共同构建用户的时间活动偏好。具体思路是构建一个三维张量对用户签到活动进行建模，然后利用张量分解技术将张量分解为三个一阶张量，即用户、时间和类别向量。再通过用户、时间和类别向量恢复三维张量，将获得每个用户在特定时间访问特定类别的可能性。

（一）用户活动张量构建

用户签到行为的时间特征在用户之间具有相似性，例如大多数人的工作时间和就餐时间都比较相似，并且在不同时间段也可能表现出同样的活动偏好，如午餐时间和晚餐时间虽然不同，但是在这两个时段用户总是偏好就餐这个活动。同时，用户活动偏好随着时间的改变而变化，一天内不同的时间，工作日和非工作日，用户的签到偏好是不同的。考虑到这两个特征，可以利用张量分解建模用户活动偏好，同时应对数据稀疏的难题。

根据用户历史签到活动，构建用户签到活动张量，表示为 $Y \in \mathbb{R}^{|U| \times |T| \times |C|}$（即用户—时间—类别）。张量中的元素表示用户 u 在时间 t 选择活动 c 的频率。在时间维度，将时间按照 1 小时为间隔，将每天划分为 24 个时间段，将每星期划分为 168 个时间间隔。

（二）张量分解模型

由于从隐式反馈中获得的用户签到概率不可能为负值，恢复张量中的负值对于用户偏好来说是没有意义的，因此采用非负 CP 分解模型将构建的张量分解成三个一阶张量和。CP 分解可认为是 Tucker 分解的特例，

分解过程相对于 Tucker 分解来说更加简单。给定张量 $Y \in \mathbb{R}^{|U| \times |T| \times |C|}$，CP 分解的一般公式如下：

$$Y = O \times_U U \times_T T \times_C C \qquad (7\text{-}6)$$

式中，$\times_n$ 为 n 维张量与矩阵的乘积，核心张量 O 维数为 $f \times f \times f$，处理不同因素之间的相关性；U、T、C 分别表示用户、时间、类别的因子矩阵，矩阵大小分别为 $|U| \times f, |T| \times f, |C| \times f$。$f$ 为潜在空间维数，控制分解过程中所涉及的特征数量。分解得到三个因子矩阵和一个核心张量，Y 中每个元素的值计算如下：

$$y_{u,t,c} = \sum_{m=1}^{f} \sum_{n=1}^{f} \sum_{l=1}^{f} o_{m,n,l} \times u_{u,m} \times t_{t,n} \times c_{c,l} \qquad (7\text{-}7)$$

为了简化，假设张量 O 为对角张量：

$$o_{m,n,l} = \begin{cases} 1, & \text{if } m = n = l \\ 0, & \text{else} \end{cases} \qquad (7\text{-}8)$$

最终得到 CP 分解模型，因此，每个元素计算如下：

$$y_{u,t,c} = \sum_{p=1}^{f} u_{u,p} \times t_{t,p} \times c_{c,p} \qquad (7\text{-}9)$$

式中，f 为潜在空间维数。

　　CP 分解可以在相对较短的运行时间内进行有效计算。CP 分解将张量分解为三个因子矩阵（即用户、时间和类别因子矩阵），并使用交替最小二乘法优化张量 Y 与原始 $u-t-c$ 张量之间的损失函数。

　　按照上述的模型构建思路得到还原后的张量，利用 Python 的 Tensorly 包来完成非负张量分解。其中，Tensorly 是一个可以执行张量分解、张量学习和张量代数的开放源代码包，是实现张量分解的常见、快捷的工具。其提供的 parafac 和 non_negative_parafac 函数分别可以实现 CP 模型和 NCP 模型。

（三）时间偏好推理

在 CP 分解模型中将非负约束添加到基于最小二乘的分解算法中，获得了一个张量来描述用户的时间活动偏好。为了推断用户 u 在时间 t 的类别偏好，即用户在 $t \times t$ 时刻访问类别 c 的可能性，将 Y 按照活动类别进行标准化：

$$\sum_{c=1}^{|C|} y_{u,t,c} = 1, \quad \forall\, u \in U \text{ and } t \in T \qquad （7\text{--}10）$$

因此，对于给定的用户 u 在时间 t，所有类别偏好度量的总和被标准化为 1，取值范围为 $[0,1]$，使得时间偏好与空间偏好能够融合。标准化后的值可以视为 u 在时间 t 访问类别 c 的概率，则用户 u 在时间 t 的时间活动偏好为：

$$\psi_{u,t} = \left\{ y_{u,t,c_j} \,\middle|\, c_j \in C \right\} \qquad （7\text{--}11）$$

图 7-2 为用户时间偏好的计算示例，可以看出，用户 u 在时间 t 访问类别 c_3 的可能性为 0.2。

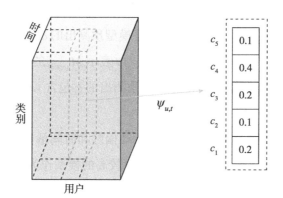

图 7-2 基于 NCP 分解模型的用户时间活动偏好计算示例

四、时空上下文感知的融合框架

融合框架旨在将用户的空间和时间活动偏好融合。在已有研究中，通

123

常采用线性加权、相乘或自定义方式融合用户在不同上下文的偏好。由于空间和时间模型的性能随时间和地点的变化而变化，很难根据用户上下文动态地分配这两个权重，简单地加权不能总是得到最好的模型。因此，通过对验证数据集的研究，根据用户当前的上下文（即地点 l 和时间 t）从空间偏好和时间偏好模型中选择精度更高的模型进行偏好推断。具体思路是：首先，将偏好模型的成功率定义为正确推断 Top-k 活动的比例；其次，对于每个用户，使用验证数据集分别计算用户在空间和时间模型上的成功率；最后，在推断用户活动偏好时，采用成功率较高的模型。

计算成功率的目的是得到两种偏好模型在不同情境下的准确性。分别用 $M_{spatial}$ 和 $M_{temporal}$ 表示空间成功率矩阵和时间成功率矩阵。矩阵的每一行代表一个时间戳 t，每一列代表用户 u 的一个兴趣格网 $g_u \in G_u$。算法 7-2（表 7-3）为 $M_{spatial}$ 和 $M_{temporal}$ 的构建过程。首先，初始化矩阵 $M_{spatial}$ 和 $M_{temporal}$，将矩阵每个元素赋值为 0。对于测试数据集中的每条签到记录 $v(l,t,c)$，推断 u 的空间和时间活动偏好，得到最有可能的访问的类别 c_l 和 c_t。其次，根据用户当前位置 l 得到用户所在的格网 $g_{u,l}$。当 $g_{u,l}$ 位于兴趣格网集合 G_u 中时，如果空间偏好模型预测出的 c_l 包含 $v.c$，将 $M_{spatial}$ 中相对应元素 $M_{spatial}(v.t, g_{u,l})$ 增加 1，$v.t$ 表示 $M_{spatial}$ 的第 $v.t$ 行，$g_{u,l}$ 表示第 $g_{u,l}$ 列。同理，如果时间偏好模型预测出的 c_t 包含 $v.c$，对 $M_{temporal}$ 做同样的操作。

根据验证数据集计算得到空间活动偏好和时间活动偏好模型的成功率矩阵后，在测试数据集中选择成功率较高的模型作为最终的推荐结果。算法 7-3（表 7-4）为时间偏好和空间活动偏好的融合过程。首先对于给定用户 u 及其上下文（即时间 t 和位置 l），根据用户当前位置 l 得到用户 u 所在的格网 $g_{u,l}$。如果 $g_{u,l}$ 属于 G_u，判断 $M_{spatial}(t, g_{l,u})$ 和 $M_{temporal}(t, g_{u,l})$ 的大小，两者中值较高的作为最终偏好。如果 $g_{u,l}$ 不在兴趣格网集合 G_u 中时，采用空间活动偏好模型预测出的结果，因为实验表明，空间活动偏好模型更能捕捉用户的活动偏好。

表 7-3　基于时空上下文的用户活动推荐成功率计算（算法 7-2）

输入：用户 u 的空间偏好分布 $\psi_{u,l}$，时间偏好分布 $\psi_{u,t}$，兴趣格网集合 G_u，验证数据集中用户签到 $Valid_u$

输出：成功率矩阵 $M_{spatial}$、$M_{temporal}$

1.	初始化 $M_{spatial}$ 和 $M_{temporal}$
2.	For $Valid_u$ 中的签到点 $v(l,t,c)$ do
3.	根据式（7-5）获得 Top-1 个类目 c_l
4.	根据式（7-11）和 $v.t$ 获得 Top-1 个类目 c_t
5.	查找 $v.l$ 所在的格网 $g_{u,l}$
6.	If $g_{u,l}$ 属于 G_u then
7.	If c_l 包含 $v.c$ then
8.	$M_{spatial}\left(v.t,g_{u,l}\right)$ 增加 1
9.	End if
10.	If c_t 包含 $v.c$ then
11.	$M_{temporal}\left(v.t,g_{u,l}\right)$ 增加 1
12.	End if
13.	End if
14.	End for

表 7-4　时间与空间活动偏好的融合算法（算法 7-3）

输入：用户 u 的空间偏好分布 $\psi_{u,l}$，时间偏好分布 $\psi_{u,t}$，上下文 t 和 l，兴趣格网区域集合 G_u，成功率矩阵 $M_{spatial}$、$M_{temporal}$

输出：$\psi_{u,l,t}$

1.	查找 l 所在格网 $g_{u,l}$
2.	If $g_{u,l}$ 属于 G_u then
3.	If $M_{spatial}\left(t,g_{l,u}\right) \geqslant M_{temporal}\left(t,g_{l,u}\right)$ then
4.	$\psi_{u,l,t}=\psi_{u,l}$
5.	End if
6.	If $M_{spatial}\left(t,g_{l,u}\right) < M_{temporal}\left(t,g_{l,u}\right)$ then
7.	$\psi_{u,l,t}=\psi_{u,t}$
8.	End if
9.	Else
10.	$\psi_{u,l,t}=\psi_{u,l}$
11.	End if

第三节　实验设置

一、实验数据

实验数据主要包括 Foursquare 的公开数据集。签到数据包含了用户唯一编码、兴趣点唯一编码、兴趣点类别、时间戳、经度和纬度等信息。为了缓解数据稀疏性的影响，Foursquare 数据集移除了签到次数少于 100 次的用户。经过数据预处理，最终 Foursquare 数据集共有 1083 个有效用户，38333 个兴趣点，2：1：5 个类别，总签到次数为 227428。图 1-6 给出了 Foursquare 数据集的签到点空间分布。

为了验证兴趣区域预测模型的有效性，将每个用户的签到历史记录按照 8：1：1 的比例划分到训练集、验证集和测试集中。选择每个用户的访问序列的前 80% 签到作为训练集，中间 10% 的签到作为验证集，最后 10% 的签到作为测试集。

二、评价指标

实验的主要评估目标是查看用户的签到兴趣点类别是否出现在返回活动列表。具体来说，对于测试数据集中的每一个新签到，推断用户在给定上下文情况下的活动偏好，并将其与用户的实际活动进行比较。使用精确度（Accuracy@k）作为评价指标。为了全面地评测 Top-k 推荐的性能，选取不同的推荐列表长度 k，k 值分别设置为 1、5、10。

同召回率的计算类似，精确度表示测试数据集中出现在 Top-k 推荐列表中的签到的百分比，对于测试数据集 $Test$，精确度的计算公式如下：

$$\text{Accuracy}@k = \frac{\left|\left\{(u,l,t,c)\middle|c \in P_{u,l,t}(k),(u,l,t,c) \in Test\right\}\right|}{|Test|} \qquad (7-12)$$

式中，k 为推荐列表的长度，$P_{u,l,t}(k)$ 为用户 u 在时间 t 和地点 l 的 Top-k 推荐活动列表，$|Test|$ 为测试集中全部签到记录的数量，(u,l,t,c) 为用户 u 在测试集中的一条签到记录。因此，$\text{Accuracy}@k$ 为模型整体的准确度。

此外，从活动类别来看，有些类别的兴趣点签到可能比其他类别具有更强的时空规律性。例如，工作和上学可能比购物表现出更强的时空规律。因此，为了研究不同活动类别的表现，分别计算每个类别的召回率得分。给定用户 u，对于特定的类别 c_i，召回率表示在测试集中类别为 c_i 且在推荐列表中的记录的数量占测试集中 c_i 被签到的记录总数。召回率越高，表明推荐性能越高。计算公式如下：

$$\text{Recall}(c_i) = \frac{\left|\left\{(u,l,t,c_i)\middle|c_i \in P_{u,l,t}(5),(u,l,t,c_i) \in Test\right\}\right|}{\left|\left\{(u,l,t,c_i)\middle|(u,l,t,c_i) \in Test\right\}\right|} \qquad (7-13)$$

式中，$P_{u,l,t}(5)$ 为用户 u 在时间 t 或地点 l 的 Top-5 推荐活动，$|Test|$ 为测试集中全部签到记录的数量，(u,l,t,c_i) 为用户 u 在测试集中类别为 c_i 的一条签到记录。

三、对比方法

为了评估模型的推荐准确性，选择了几个推荐方法进行结果对比，对比方法涵盖了经典的方法和比较先进的方法。分别将时间偏好模型、空间偏好模型和时空偏好模型同以下方法进行比较。对比方法全部使用 Python3.7 及其开放源代码包实现。

（一）基于时间的方法

（1）MFT：时间段内最频繁的活动。人们通常会在同一时间段进行相似的活动，例如，用户会在工作日的中午 12 点左右吃午饭。在该模型中，用户的时间偏好通过其历史签到类别在一周内的每个时间段的分布来模拟。

（2）CP：张量分解的基线方法，采用平方损失优化模型。

（3）NCP：本章第三节的时间活动偏好模型，即非负 CP 分解模型，采用平方损失优化模型。

（二）基于空间的方法

（1）MFA：用户访问最频繁的活动，根据用户的当前位置所在格网，计算用户在该格网内对不同类别的签到总数。向用户推荐格网内签到次数最多的类别。因为对每个用户分别进行建模，该模型为个性化推荐模型。

（2）SPM：空间偏好模型，本章第三节提出的模型，采用格网划分探测用户感兴趣的格网，进而进行空间偏好的建模。该模型对每个用户分别进行建模，为个性化推荐模型。

（三）时空融合方法

STUAR：本章第二节提出的模型，将 SPM 和 NCP 模型相融合。

第四节　实验结果与分析

本章进行了大量的实验来评估所提出的兴趣点推荐方法的性能。首先，将基于时空上下文的用户活动偏好模型同基线方法进行比较，进行整体性能分析；其次，分别计算了各个类别下推荐的准确率和召回率，探讨了 STUAR 模型在不同活动类别下的推荐性能差异；再次，对不同组件的模型参数分别进行分析讨论；最后，给出了一个用户的案例分析。

一、整体性能分析

本节对模型的整体推荐效果进行分析。各推荐模型在 Foursquare 数据集上的准确率见图 7-3，k 分别取 1、5、10。所有方法均为最优参数下的结果，其中，潜在空间维数 f 为 64，签到频率阈值 σ_{freq} 和偏好偏差比 θ_{ratio} 分别设置为 0.002 和 0.2。可以看出，提出的 STUAR 方法在推荐性能上优于其他基线方法。以 Top-1 推荐为例，STUAR 方法比最好的时间偏好方法性能提升了近 1.1 倍。接下来，进一步分析每种基线方法的性能。

（1）对于基于时间的方法，CP 张量分解和 NCP 张量分解明显比基于频率的方法 MFT 能更好地捕捉用户活动偏好。这一结果表明张量分解能够有效地处理用户时间偏好推断时的数据稀疏性问题。同时，NCP 在性能上稍微优于 CP 分解说明了非负约束的优点。使用 NCP 分解的时间偏好模型能够有效地捕捉用户活动的时间特征，特别是对于那些在签到活动上具有强烈时间规律的用户。

（2）对于基于空间的方法，SPM 方法在 k 的不同取值下均比 MFA 方法表现出更好的推荐性能，这是因为 SPM 综合考虑了用户在兴趣格网的活动偏好，MFA 仅考虑了用户当前所在局部格网，不能有效地捕捉用户整体的空间活动偏好，限制了 MFA 的性能。SPM 方法能够有效捕获用户活动的空间特征，考虑了用户签到行为的个性化差异。

（3）综合来看，SPM 方法的推荐精度高于 NCP，这说明基于空间活动的方法比基于时间活动的方法表现出更好的性能。这一结果表明，LBSNs 中用户签到活动的空间规律性比时间规律性更显著。综合以上分析表明，STUAR 方法考虑了用户签到行为的个性化差异，能够精准地捕获用户活动的空间和时间偏好。

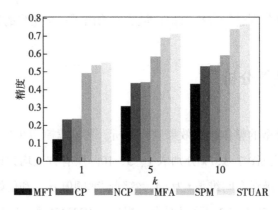

图 7-3　Foursquare 数据集上整体推荐性能对比

二、不同类别性能分析

　　由于用户的签到行为在某些活动类别上表现出更强的时空规律。因此，分别计算了不同类别下的召回率。同时，由于罗列 251 个类别的结果不够现实，对 Foursquare 数据集中兴趣点的一级分类进行实验分析，兴趣点的一级分类包括艺术和娱乐、学院和大学、餐饮、夜间场所、户外和休闲、专业场所及其他场所、住宅、购物和服务、旅行和交通等 9 大类，在图 7-4 和图 7-5 中依次用编号 1~9 表示。k 值分别设置为 1、5、10。

　　图 7-4 为空间活动偏好模型在不同活动类别下的推荐性能对比。可以发现，不同类别的召回率存在明显的差异。夜间场所和住宅类的召回率超过 0.8，这说明用户在 LBSNs 中对这些类别的活动表现出较强的空间规律。从日常角度上看，家的地点通常是固定的，用户的夜间活动场所也集中在比较固定的地点。此外，艺术和娱乐、购物和服务、餐饮类别的推荐具有较低的召回率，这意味着用户的娱乐、购物或餐饮活动行为在空间上相对灵活。

　　图 7-5 为时间活动偏好模型在不同活动类别下的推荐性能对比。可以发现，夜间场所的召回率超过 0.8，这是因为夜间场所的时间是相对固

定的，用户在任何地点的夜间活动都只会发生在凌晨左右。其次，住宅类的召回率仅低于夜间场所，这说明用户在住宅类的时间活动明显，这与用户的日常生活习惯相关，用户通常在下班后和周末待在家中。而艺术和娱乐、餐饮、购物和服务等类别的召回率较低，时间规律不明显。这说明用户在娱乐、餐饮和购物上的签到活动时间相对灵活。

通过对比空间活动偏好模型和时间活动偏好模型的推荐性能，可以发现，用户在时间和空间上的活动规律是大致一致的。

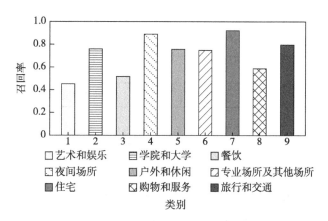

图7-4　空间活动偏好模型在不同活动类别下的推荐性能对比

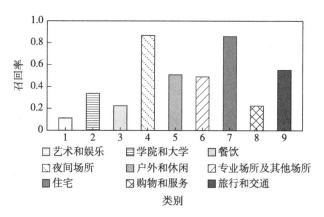

图7-5　时间活动偏好模型在不同活动类别下的推荐性能对比

三、模型参数分析

STUAR 模型融合了空间活动偏好模型 SPM 和时间活动偏好模型 NCP，模型中的参数决定了推荐精度。表 7-5 为 STUAR 模型中的主要参数及取值。接下来结合实验分析说明两个组件的参数是如何确定的。

表 7-5　STUAR 模型中的主要参数及取值

参数	取值	备注
$m \times m$	200	格网大小
σ_{freq}	0.002	用户在格网的签到频率阈值
θ_{ratio}	0.2	用户在格网的偏好偏差比阈值
k	64	NCP 模型中的潜在空间维数

在空间偏好模型中，主要参数包括格网大小 $m \times m$，签到频率阈值 σ_{freq} 和偏好偏差比 θ_{ratio}。首先，将研究区域划分为大小为 $m \times m$ 的小区域格网，单位为 m。为了研究格网大小对推荐性能的影响，将 m 的取值范围定为 [200,400,600,800, 1000,1200,1400,1600,1800,2000]。图 7-6 为参数 m 在不同情况下的推荐精确度。可以看出，随着格网的增大推荐精度逐渐下降，k 为 1 时推荐性能下降明显。这说明格网尺度越小，推荐精度越高。当 $m = 200$ m 时，可以获得较优的推荐精确度。已有研究通常将格网大小设置为 $m = 200$ m，过小的格网尺寸会增加计算时间及复杂度，因此，将格网的大小设置为 200 m。

其次，固定格网大小为 200 米，在用户感兴趣的格网集合构建步骤中调整超参数 σ_{freq} 和 θ_{ratio} 的值。σ_{freq} 和 θ_{ratio} 采用经典的网格搜索算法获得最优值。初步固定偏好偏差比 $\theta_{ratio} = 0$，从集合 [0,0.001,0.002,0.003,0.004, 0.005, 0.006,0.007,0.008,0.009] 中变化参数 σ_{freq}，计算精确度 Accuracy@1、Accuracy@5 和 Accuracy@10 指标。图 7-7 为参数 σ_{freq} 在不同情况下的推荐准确度。可以看出，当 σ_{freq} 取不同的值能够引起精度的缓慢变化。随

着阈值的持续增加，会使得模型效果下降，这是由于参数太大被保留的兴趣格网太少。当 $\sigma_{freq} = 0.002$ 时，既可以排除用户访问频率较低的格网，也可以获得较优的推荐精确度。因此，将频率阈值设置为 0.002。

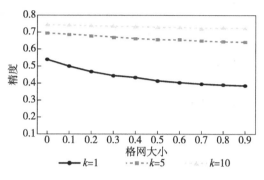

图 7-6　不同格网大小下的推荐性能对比

再次，固定 σ_{freq} 为最优值，将 θ_{ratio} 的取值范围定为 [0.1,0.2,0.3,0.4,0.5, 0.6,0.7,0.8,0.9]，计算精确度 Accuracy@1、 Accuracy@5 和 Accuracy@10 指标。图 7-8 为参数 θ_{ratio} 在不同情况下的推荐精确度。可以看出，当偏好偏差比持续增加，会使得模型效果缓慢下降，这是由于参数太大，被保留的兴趣格网太少，难以从少量兴趣格网中学到用户的活动偏好。当 $\theta_{ratio} = 0.2$ 时，既可以排除用户偏好较低的格网，也可以获得较优的推荐精确度。因此，将偏好偏差比阈值设置为 0.2。

在时间偏好模型中，主要参数包括潜在空间维数 k。潜在空间维数 k 控制张量分解过程中涉及的特征数量。潜在空间维数越大，则模型运行时间越长、占用内存越多，而维数太小，不能充分捕捉时间特征，造成推荐精度较低。因此，潜在空间维数的选择是推荐性能和技术成本的折中，对时间偏好模型的建模是非常重要的。在实验中，k 分别取值为 8、16、32、64 和 128。图 7-9 为 NCP 在不同维数下的推荐精度。可以看出，推荐精度随着潜在空间维数的增加而增加，而当潜在空间维度大于 64 时，推荐精度没有显著提高，这表明在潜在空间维度上是收敛的。因此，为了保持较高的精度同时降低时间复杂度，在以下实验中，潜在空间尺寸设置为 64。

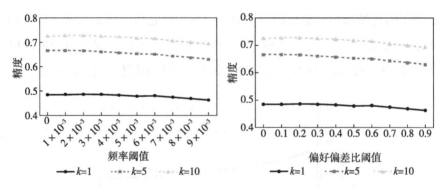

图 7-7　不同频率阈值下的推荐性能对比　　图 7-8　不同偏好偏差比阈值下的推荐性能对比

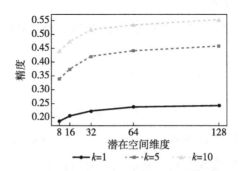

图 7-9　NCP 模型中不同潜在维数下的推荐性能对比

四、案例分析

　　为了清晰地表示用户兴趣格网的建模过程，将某用户的格网签到频率和格网内的偏好偏差比进行可视化。图 7-10 和图 7-11 分别为该用户的签到频率和偏好偏差比的空间分布。可以看出，该用户在格网内的签到频率均大于 0.006，90% 以上的格网偏好偏差比均不低于 0.6。这说明该用户对其签到过的所有格网都可以具有一定的偏好，可以全部作为用户的兴趣格网来进行空间活动喜好建模。

　　在获取了用户的兴趣格网之后，利用 STUAR 方法发掘用户在当前时空上下文的活动偏好。利用测试集中的数据验证推荐结果。已知该用户，在 2012-05-01，18:00:11 位于 40.72°N,74.00°W（图 7-10 中紫色圆），在工艺品店进行了签到。那么在当前位置和时间下，STUAR 会向用户推荐哪些类别的活动呢？实验结果显示，STUAR 方法向用户推荐了 5 类其可能感兴趣的活动，包括工艺品店、墨西哥餐厅、素食餐厅、烧烤和健身中心，正确地推断出了用户的活动偏好。

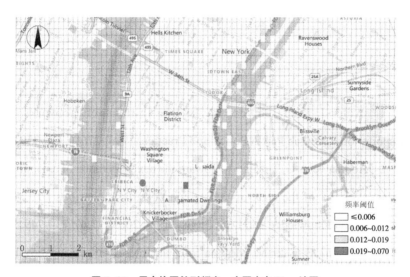

图 7-10　用户格网签到频率，底图来自 Bing 地图

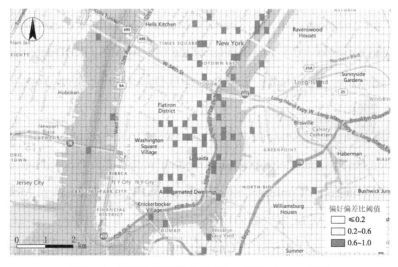

图 7-11　用户格网签到偏好偏差比，底图来自 Bing 地图

［1］Adler J. Route choice: wayfinding in transport networks ［J］. Transportation Research Part A Policy and Practice, 1993, 27(4): 338-339.

［2］Adomavicius G, Tuzhilin A. Toward the next generation of recommender systems: a survey of the state-of-the-art and possible extensions ［J］. IEEE Transactions on Knowledge and Data Engineering, 2005, 17(6): 734-749.

［3］Albanna B, Sakr M, Moussa S, et al. Interest aware location-based recommender system using geo-tagged social media ［J］. International Journal of Geo-Information, 2016, 5(245).

［4］Anagnostopoulos A, Kumar R, Mahdian M. Influence and correlation in social networks ［C］. Proceedings of the 14th ACM SIGKDD International Conference on Knowledge Discovery and Data Mining. New York, USA: ACM, 2008: 7-15.

［5］Bagci H, Karagoz P. Context-aware friend recommendation for location based social networks using random walk ［C］. Proceedings of the 25th International Conference Companion on World Wide Web. Montral, Qubec, Canada: ACM, 2016a: 531-536.

［6］Bagci H, Karagoz P. Context-aware location recommendation by using a random walk-based approach ［J］. Knowledge and Information

Systems, 2016b, 47(2): 241-260.

［7］Bao J, Zheng Y, Mokbel M F. Location-based and preference-aware recommendation using sparse geo-social networking data［C］. Proceedings of the 20th International Conference on Advances in Geographic Information Systems. Redondo Beach, CA, USA: ACM, 2012: 199-208.

［8］Bao J, Zheng Y, Wilkie D, et al. Recommendations in location-based social networks: a survey［J］. GeoInformatica, 2015, 19(3): 525-565.

［9］Bao Y, Huang Z, Li L, et al. A BiLSTM-CNN model for predicting users' next locations based on geotagged social media［J］. International Journal of Geographical Information Science, 2020, 35(4): 1-22.

［10］Baral R, Wang D, Li T, et al. GeoTeCS: exploiting geographical, temporal, categorical and social aspects for personalized POI recommendation (Invited Paper)［C］. 2016 IEEE 17th International Conference on Information Reuse and Integration (IRI). Pittsburgh, PA, USA IEEE Computer Society, 2016: 94-101.

［11］Bell R M, Koren Y. Lessons from the Netflix prize challenge［J］. ACM SIGKDD Explorations Newsletter, 2007, 9(2): 75-79.

［12］Bobadilla J, Ortega F J, Hernando A, et al. Recommender systems survey［J］. Knowledge-Based Systems, 2013, 46: 109-132.

［13］Burke R. Hybrid recommender systems: survey and experiments［J］. User Modeling and User-Adapted Interaction, 2002, 12(4): 331-370.

［14］Cai L, Xu J, Liu J, et al. Integrating spatial and temporal contexts into a factorization model for POI recommendation［J］. International Journal of Geographical Information Science, 2018, 32(3): 524-546.

［15］Çano E, Morisio M. Hybrid recommender systems: a systematic literature review［J］. Intelligent Data Analysis, 2017, 21(6): 1487-1524.

［16］Carroll J D, Chang J J. Analysis of individual differences in multidimensional scaling via an n-way generalization of "Eckart-Young" decomposition［J］. Psychometrika, 1970, 35(3): 283-319.

［17］Chandra S, Khan L, Muhaya F B. Estimating Twitter user location using social interactions—a content based approach［C］. 2011 IEEE Third International Conference on Privacy, Security, Risk and Trust and 2011 IEEE Third International Conference on Social Computing. Boston, MA, USA: IEEE Computer Society, 2011: 838-843.

［18］Chaney A J B, Blei D M, Eliassi-Rad T. A probabilistic model for using social networks in personalized item recommendation［C］. Proceedings of the 9th ACM Conference on Recommender Systems. Vienna, Austria: ACM, 2015: 43-50.

［19］Cheng C, Yang H, King I, et al. A unified point-of-interest recommendation framework in location-based social networks［J］. ACM Transactions on Intelligent Systems and Technology, 2016, 8(1): 10.

［20］Cheng C, Yang H, King I, et al. Fused matrix factorization with geographical and social influence in location-based social networks［C］. Proceedings of the Twenty-Sixth AAAI Conference on Artificial Intelligence. Toronto, Ontario, Canada: AAAI Press, 2012: 17-23.

［21］Cheng C, Yang H, Lyu M R, et al. Where you like to go next: successive point-of-interest recommendation［C］. Proceedings of the Twenty-Third international joint conference on Artificial Intelligence. Beijing, China: AAAI Press, 2013: 2605-2611.

［22］Cheng Z, Caverlee J, Lee K, et al. Exploring millions of footprints in location sharing services [C]. Proceedings of the Fifth International AAAI Conference on Weblogs and Social Media. Barcelona, Catalonia, Spain: AAAI Press, 2011.

[23] Craswell N. Mean reciprocal rank [M]. Bostan, MA, USA: Encyclopedia of Database Systems. Springer US, 2009: 1703.

[24] Cui Q, Tang Y, Wu S, et al. Distance2Pre: personalized spatial peference for next point-of-interest prediction [C]. Pacific-Asia Conference on Knowledge Discovery and Data Mining. Macau, China: Springer International Publishing, 2019: 289-301.

[25] Curl J S, Abbeville A, Altamira A, et al. A dictionary of architecture and landscape architecture [EB/OL][2022-04-14]. https://www.oxfordreference.com/view/10.1093/acref/9780198606789.001.0001/acref-9780198606789.

[26] Ding R, Chen Z. RecNet: a deep neural network for personalized POI recommendation in location-based social networks [J]. International Journal of Geographical Information Science, 2018, 32(8): 1631-1648.

[27] Divyaa L R, Pervin N. Towards generating scalable personalized recommendations: integrating social trust, social bias, and geo-spatial clustering [J]. Decision Support Systems, 2019, 122(7): 113066.

[28] Ference G, Ye M, Lee W-C. Location recommendation for out-of-town users in location-based social networks [C]. Proceedings of the 22nd ACM International Conference on Information and Knowledge Management. San Francisco, CA, USA: ACM, 2013: 721-726.

[29] Foursquare Venue Category Hierarchy [EB/OL][2022-04-14]. https://developer.foursquare.com/docs/build-with-foursquare/categories/.

［30］Gao H, Tang J, Liu H. GSCorr: Modeling geo-social correlations for new check-ins on location-based social networks［C］. Proceedings of the 21st ACM International Conference on Information and Knowledge Management. New York, NY, USA: ACM, 2012: 1582-1586.

［31］Gao R, Li J, Li X, et al. A personalized point-of-interest recommendation model via fusion of geo-social information［J］. Neurocomputing, 2018, 273: 159-170.

［32］Gao R, Li J, Li X, et al. STSCR: exploring spatial-temporal sequential influence and social information for location recommendation［J］. Neurocomputing, 2018, 319: 118-133.

［33］Graaff V D, By R D, Keulen M V, et al. Point of interest to region of interest conversion［C］. Proceedings of the 21st ACM SIGSPATIAL International Conference on Advances in Geographic Information Systems. Orlando, FL, USA: ACM, 2013: 388-391.

［34］Guo G, Zhang J, Yorke-Smith N. A novel recommendation model regularized with user trust and item ratings［J］. IEEE Transactions on Knowledge and Data Engineering, 2016, 28(7): 1607-1620.

［35］Guo H, Li X, He M, et al. CoSoLoRec: joint factor model with content, social, location for heterogeneous point-of-interest recommendation［C］. The 9th International Conference on Knowledge Science, Engineering and Management. Passau, Germany: Springer International Publishing, 2016: 613-627.

［36］Guo Q. Graph-based point-of-interest recommendation on location-based social networks［D］. Singapore: Nanyang Technological University, 2019.

［37］He J, Li X, Liao L. Category-aware next point-of-interest recommendation via listwise Bayesian personalized ranking［C］. The Twenty-Sixth International Joint Conference on Artificial Intelligence. Melbourne, Australia: International Joint Conferences on Artificial Intelligence, 2017: 1837-1843.

［38］He R, Mcauley J. Fusing similarity models with Markov Chains for sparse sequential recommendation［C］. 2016 IEEE 16th International Conference on Data Mining Barcelona, Spain: IEEE Computer Society, 2016: 191-200.

［39］Herlocker J L, Konstan J A, Borchers A, et al. An algorithmic framework for performing collaborative filtering［C］. Proceedings of the 22nd Annual International ACM SIGIR Conference on Research and Development in Information Retrieval. Berkeley, CA, USA: ACM, 1999: 230-237.

［40］Herlocker J L, Konstan J A, Terveen L G, et al. Evaluating collaborative filtering recommender systems［J］. ACM Transactions on Information Systems, 2004, 22(1): 5-53.

［41］Hosseini S, Yin H, Zhou X, et al. Leveraging multi-aspect time-related influence in location recommendation［J］. World Wide Web-internet and Web Information Systems, 2019, 22(3): 1001-1028.

［42］Hu L, Sun A, Liu Y. Your neighbors affect your ratings: on geographical neighborhood influence to rating prediction［C］. Proceedings of the 37th International ACM SIGIR Conference on Research and Development in Information Retrieval. Gold Coast, Queensland, Australia: ACM, 2014: 345-354.

［43］Hu Y, Koren Y, Volinsky C. Collaborative filtering for implicit feedback datasets [C]. Proceedings of the 2008 Eighth IEEE International Conference on Data Mining. Pisa, Italy: IEEE Computer Society, 2008: 263-272.

[44] Jamali M, Ester M. A matrix factorization technique with trust propagation for recommendation in social networks [C]. Proceedings of the Fourth ACM Conference on Recommender Systems. Barcelona, Spain: ACM, 2010: 135-142.

[45] Järvelin K, Kekäläinen J. Cumulated gain-based evaluation of IR techniques [J]. ACM Transactions on Information Systems, 2002, 20(4): 422-446.

[46] Jiang M, Cui P, Chen X, et al. Social recommendation with cross-domain transferable knowledge [J]. IEEE Transactions on Knowledge and Data Engineering, 2015, 27(11): 3084-3097.

[47] Kong D, Wu F. HST-LSTM: a hierarchical spatial-temporal long-short term memory network for location prediction [C]. The Twenty-Seventh International Joint Conferences on Artificial Intelligence Organization. Stockholm, Sweden: International Joint Conferences on Artificial Intelligence, 2018: 2341-2347.

[48] Konstas I, Stathopoulos V, Jose J M. On social networks and collaborative recommendation [C]. Proceedings of the 32nd International ACM SIGIR Conference on Research and Development in Information Retrieval. Boston, MA, USA: ACM, 2009: 195-202.

[49] Koren Y, Bell R, Volinsky C. Matrix factorization techniques for recommender systems [J]. Computer, 2009, 42(8): 30-37.

[50] Kossaifi J, Panagakis Y, Anandkumar A, et al. TensorLy: tensor

Learning in Python [J]. Journal of Machine Learning Research, 2019, 20: 1-6.

[51] Lak P. A novel approach to define and model contextual features in recommender systems [C]. Proceedings of the 39th International ACM SIGIR Conference on Research and Development in Information Retrieval. Pisa, Italy: ACM, 2016: 1161.

[52] Lee J, Shin I, Park G-L. Analysis of the passenger pick-up pattern for taxi location recommendation [C]. 2008 Fourth International Conference on Networked Computing and Advanced Information Management. Gyeongju, South Korea: IEEE Computer Society, 2008: 199-204.

[53] Leung K W-T, Lee D L, Lee W-C. CLR: a collaborative location recommendation framework based on co-clustering [C]. Proceedings of the 34th International ACM SIGIR Conference on Research and Development in Information Retrieval. Beijing, China: ACM, 2011: 305-314.

[54] Levandoski J J, Sarwat M, Eldawy A, et al. LARS: a location-aware recommender system [C]. 2012 IEEE 28th International Conference on Data Engineering. Washington, DC, USA: IEEE Computer Society, 2012: 450-461.

[55] Li H, Ge Y, Hong R, et al. Point-of-interest recommendations: learning potential check-ins from friends [C]. Proceedings of the 22nd ACM SIGKDD International Conference on Knowledge Discovery and Data Mining. San Francisco, CA, USA: ACM, 2016: 975-984.

[56] Li X, Cong G, Li X-L, et al. Rank-GeoFM: a ranking based geographical factorization method for point of interest recommendation [C]. Proceedings of the 38th International ACM SIGIR Conference on Research and Development in Information Retrieval. Santiago, Chile: ACM, 2015: 433-442.

[57] Li X, Jiang M, Hong H, et al. A time-aware personalized point-

of-interest recommendation via high-order tensor factorization [J]. ACM Transactions on Information Systems, 2017, 35(4): 31.

[58] Lian D, Zhao C, Xie X, et al. GeoMF: joint geographical modeling and matrix factorization for point-of-interest recommendation [C]. Proceedings of the 20th ACM SIGKDD international conference on Knowledge discovery and data mining. New York, NY, USA: ACM, 2014: 831-840.

[59] Lian D, Zheng K, Ge Y, et al. GeoMF++: scalable location recommendation via joint geographical modeling and matrix factorization [J]. ACM Transactions on Information Systems, 2018, 36(3): 1-29.

[60] Lin T-H, Gao C, Li Y. Recommender systems with characterized social regularization [C]. Proceedings of the 27th ACM International Conference on Information and Knowledge Management. Torino, Italy: ACM, 2018: 1767-1770.

[61] Liu B, Fu Y, Yao Z, et al. Learning geographical preferences for point-of-interest recommendation [C]. Proceedings of the 19th ACM SIGKDD international conference on Knowledge discovery and data mining. Chicago, Illinois, USA: ACM, 2013: 1043-1051.

[62] Liu B, Xiong H, Papadimitriou S, et al. A general geographical probabilistic factor model for point of interest recommendation [J]. IEEE Transactions on Knowledge and Data Engineering, 2015, 27(5): 1167-1179.

[63] Liu J, Zhang Z, Liu C, et al. Exploiting two-dimensional geographical and synthetic social influences for location recommendation [J]. International Journal of Geo-Information, 2020, 9(4): 285.

[64] Liu L, Cheng L, Liu Y, et al. Recognizing complex activities by a probabilistic interval-based model [C]. Proceedings of the Thirtieth AAAI

Conference on Artificial Intelligence. Phoenix, Arizona, USA: AAAI Press, 2016: 1266-1272.

［65］Liu Q, Wu S, Wang L, et al. Predicting the next location: a recurrent model with spatial and temporal contexts ［C］. Proceedings of the Thirtieth AAAI Conference on Artificial Intelligence. Phoenix, Arizona, USA: AAAI Press, 2016: 194-200.

［66］Liu T, Liao J, Wang Y, et al. Collaborative tensor–topic factorization model for personalized activity recommendation ［J］. Multimedia Tools and Applications, 2019, 78(12): 16923-16943.

［67］Liu X, Liu Y, Aberer K, et al. Personalized point-of-interest recommendation by mining users' preference transition ［C］. Proceedings of the 22nd ACM International Conference on Information and Knowledge Management. San Francisco, CA, USA: ACM, 2013: 733-738.

［68］Liu X, Wu W. Learning context-aware latent representations for context-aware collaborative filtering ［C］. Proceedings of the 38th International ACM SIGIR Conference on Research and Development in Information Retrieval. Santiago, Chile: ACM, 2015: 887-890.

［69］Liu Y, Pham T-A N, Cong G, et al. An experimental evaluation of point-of-interest recommendation in location-based social networks ［J］. Proceedings of the VLDB Endowment, 2017, 10(10): 1010-1021.

［70］Liu Y, Wer W, Sun A, et al. Exploiting geographical neighborhood characteristics for location recommendation ［C］. Proceedings of the 23rd ACM International Conference on Conference on Information and Knowledge Management. Shanghai, China: ACM, 2014: 739-748.

［71］Liu Z, Zhou X, Shi W, et al. Recommending attractive thematic regions by semantic community detection with multi-sourced VGI data [J] . International Journal of Geographical Information Science, 2019, 33(8): 1520-1544.

[72] Ma H, King I, Lyu M R. Learning to recommend with social trust ensemble [C] . Proceedings of the 32nd International ACM SIGIR Conference on Research and Development in Information Retrieval. Boston, MA, USA: ACM, 2009: 203-210.

[73] Ma H, Yang H, Lyu M R, et al. SoRec: social recommendation using probabilistic matrix factorization [C] . Proceedings of the 17th ACM Conference on Information and Knowledge Management. Napa Valley, California, USA: ACM, 2008: 931-940.

[74] Ma H, Zhou D, Liu C, et al. Recommender systems with social regularization [C] . Proceedings of the Fourth ACM International Conference on Web Search and Data Mining. Hong Kong, China: ACM, 2011: 287-296.

[75] Ma H, Zhou T C, Lyu M R, et al. Improving recommender systems by incorporating social contextual information [J] . ACM Transactions on Information Systems, 2011, 29(2): 1-23.

[76] Massa P, Avesani P. Trust-aware recommender systems [C] . Proceedings of the 2007 ACM Conference on Recommender Systems. Minneapolis, MN, USA: ACM, 2007: 17-24.

[77] Meteren R V, Somenren M V. Using content-based filtering for recommendation [C] . Proceedings of the Machine Learning in the New Information Age: MLnet/ECML2000 Workshop. Barcelona, Catalonia, Spain, 2000: 47-56.

[78] Musaev A, Wang D, Shridhar S, et al. Toward a real-time service

for landslide detection: Augmented explicit semantic analysis and clustering composition approaches [C]. 2015 IEEE International Conference on Web Services. New York, NY, USA: IEEE Computer Society, 2015: 511-518.

[79] Nabizadeh A H, Rafsanjani N, Salim N, et al. Recommendation systems: a review [J]. International Journal of Computational Engineering Research, 2013, 3(5): 47-52.

[80] Ogundele T J, Chow C-Y, Zhang J-D. SoCaST: exploiting social, categorical and spatio-temporal preferences for personalized event recommendations [C]. 2017 14th International Symposium on Pervasive Systems, Algorithms and Networks & 2017 11th International Conference on Frontier of Computer Science and Technology & 2017 Third International Symposium of Creative Computing (ISPAN-FCST-ISCC). Exeter, United Kingdom: IEEE Computer Society, 2017: 38-45.

[81] Pan R, Zhou Y, Cao B, et al. One-class collaborative filtering [C]. Proceedings of the 2008 Eighth IEEE International Conference on Data Mining. Pisa, Italy: IEEE Computer Society, 2008: 502-511.

[82] Peter B, Kobsa A, Nejdl W. The adaptive web: methods and strategies of web personalization [M]. Berlin Heidelberg: Springer-Verlag, 2007.

[83] Pham T-A N, Li X, Cong G. A general model for out-of-town region recommendation [C]. Proceedings of the 26th International Conference on World Wide Web. Perth, Australia: International World Wide Web Conferences Steering Committee, 2017: 401-410.

[84] Qian X, Feng H, Zhao G, et al. Personalized recommendation combining user interest and social circle [J]. IEEE Transactions on

Knowledge and Data Engineering, 2014, 26(7): 1763-1777.

[85] Qiu J, Tang J, Ma H, et al. DeepInf: modeling influence locality in large social networks [C]. Proceedings of the 24th ACM SIGKDD International Conference on Knowledge Discovery and Data Mining. New York, NY, USA: ACM, 2018: 2110-2119.

[86] Rahmani H A, Aliannejadi M, Mirzaei Z R, et al. Category-aware location embedding for point-of-interest recommendation [C]. Proceedings of the 2019 ACM SIGIR International Conference on Theory of Information Retrieval. Santa Clara, CA, USA, 2019: 173-176.

[87] Ren Y-Q, Wang Z, Sun X-N, et al. A multi-element hybrid location recommendation algorithm for location based social networks [J]. IEEE Access, 2019, 7: 100416-100427.

[88] Rendle S, Freudenthaler C, Gantner Z, et al. BPR: Bayesian personalized ranking from implicit feedback [C]. Proceedings of the Twenty-Fifth Conference on Uncertainty in Artificial Intelligence. Montreal, Quebec, Canada: AUAI Press, 2009: 452-461.

[89] Renjith S, Sreekumar A, Jathavedan M. An extensive study on the evolution of context-aware personalized travel recommender systems [J]. Information Processing and Management, 2019, 57(1): 1-19.

[90] Resnick P, Varian H R, Editors G. Recommender systems [J]. Communications of The ACM, 1997, 40(3): 56-58.

[91] Ricci F, Rokach L, Shapira B, et al. Recommender systems handbook [M]. Berlin Heidelberg: Springer-Verlag, 2011.

[92] Rohit S, Sathish V, Mehrotra T, et al. Applications of optimal stopping algorithm for social graph based recommendation [C]. 2019 IEEE

Students Conference on Engineering and Systems. Allahabad, India: IEEE Computer Society, 2019: 1-6.

［93］Shashua A, Hazan T. Non-negative tensor factorization with applications to statistics and computer vision［C］. Proceedings of the 22nd International Conference on Machine Learning. Bonn, Germany: ACM, 2005: 792-799.

［94］Shokeen J, Rana C. A study on features of social recommender systems［J］. Artificial Intelligence Review, 2020, 53(2): 965-988.

［95］Si Y, Zhang F, Liu W. An adaptive point-of-interest recommendation method for location-based social networks based on user activity and spatial features［J］. Knowledge-Based Systems, 2019, 163: 267-282.

［96］Silverman B W. Density estimation for statistics and data analysis［M］. London, UK: Chapman & Hall, 1986.

［97］Sun Y, Zhu H, Zhuang F, et al. Exploring the urban region-of-interest through the analysis of online map search queries［C］. Proceedings of the 24th ACM SIGKDD International Conference on Knowledge Discovery and Data Mining. London, United Kingdom: ACM, 2018: 2269-2278.

［98］Tan R, Zhang Y. Road network-based region of interest mining and social relationship recommendation［J］. Soft Computing, 2019, 23(19): 9299-9313.

［99］Tobler W R. A computer movie simulating urban growth in the Detroit region［J］. Economic Geography, 1970, 46(1): 234-240.

［100］Tucker L R. Implications of factor analysis of three-way matrices for measurement of change［M］. Madison WI, USA: University of Wisconsin Press, 1963.

［101］Villegas N M, Snchez C, Daz-Cely J, et al. Characterizing context-aware recommender systems: a systematic literature review［J］. Knowledge-Based Systems, 2018, 140(15): 173-200.

［102］Wang F, Meng X, Zhang Y, et al. Mining user preferences of new locations on location-based social networks: a multidimensional cloud model approach［J］. Wireless Networks, 2018, 24(1): 113-125.

［103］Wang M, Zheng X, Yang Y, et al. Collaborative filtering with social exposure: a modular approach to social recommendation［C］. Proceedings of the Thirty-Second AAAI Conference on Artificial Intelligence. New Orleans, Louisiana, USA: AAAI Press, 2018.

［104］Xu H, Wei J, Yang Z, et al. Graph sttentive network for region recommendation with POI- and ROI-level attention［C］. Asia-Pacific Web (APWeb) and Web-Age Information Management (WAIM) Joint International Conference on Web and Big Data. Tianjin, China: Springer, 2020: 509-516.

［105］Xu H, Zhang Y, Wei J, et al. Spatiotemporal-aware region recommendation with deep metric learning［C］. Proceedings of the 24th International Conference on Database Systems for Advanced Applications. Chiang Mai, Thailand: International Conference on Database Systems for Advanced Applications, 2019: 491-494.

［106］Yang B, Lei Y, Liu J, et al. Social collaborative filtering by trust［J］. IEEE transactions on pattern analysis and machine intelligence, 2016, 39(8): 1633-1647.

［107］Yang D, Zhang D, Yu Z, et al. A sentiment-enhanced personalized location recommendation system［C］. Proceedings of the 24th ACM Conference on Hypertext and Social Media. Paris, France: ACM, 2013: 119-

128.

[108] Yang D, Zhang D, Zheng V W, et al. Modeling user activity preference by leveraging user spatial temporal characteristics in LBSNs [J]. IEEE Transactions on Systems, Man, and Cybernetics: Systems, 2015, 45(1): 129-142.

[109] Ye J, Zhu Z, Cheng H. What's your next move: User activity prediction in location-based social networks [C]. Proceedings of the 2013 SIAM International Conference on Data Mining. San Diego, California, USA: SIAM, 2013: 171-179.

[110] Ye M, Yin P, Lee W-C, et al. Exploiting geographical influence for collaborative point-of-interest recommendation [C]. Proceedings of the 34th International ACM SIGIR Conference on Research and Development in Information Retrieval. Beijing, China: ACM, 2011: 325-334.

[111] Yin H, Sun Y, Cui B, et al. LCARS: a location-content-aware recommender system [C]. Proceedings of the 19th ACM SIGKDD International Conference on Knowledge Discovery and Data Mining. Chicago, USA: ACM, 2013: 221-229.

[112] Yin H, Wang W, Wang H, et al. Spatial-aware hierarchical collaborative deep learning for POI recommendation [J]. IEEE Transactions on Knowledge and Data Engineering, 2017, 29(11): 2537-2551.

[113] Ying J J-C, Kuo W-N, Tseng V S, et al. Mining user check-In behavior with a random walk for urban point-of-interest recommendations [J]. ACM Transactions on Intelligent Systems and Technology, 2014, 5(3): Article 40.

[114] Ying J J-C, Lee W-C, WENG T-C, et al. Semantic trajectory mining

for location prediction [C]. Proceedings of the 19th ACM SIGSPATIAL International Conference on Advances in Geographic Information Systems. Chicago, Illinois: ACM, 2011: 34-43.

[115] Yu X, Pan A, Tang L-A, et al. Geo-friends recommendation in GPS-based cyber-physical social network [C]. 2011 International Conference on Advances in Social Networks Analysis and Mining. Kaohsiung, Taiwan: IEEE Computer Society, 2011: 361-368.

[116] Yuan Q, Cong G, Ma Z, et al. Time-aware point-of-interest recommendation [C]. Proceedings of the 36th International ACM SIGIR Conference on Research and Development in Information Retrieval. Dublin, Ireland: ACM, 2013: 363-372.

[117] Yuan Q, Zhang W, Zhang C, et al. PRED: periodic region detection for mobility modeling of social media users [C]. Proceedings of the Tenth ACM International Conference on Web Search and Data Mining. Cambridge, United Kingdom: ACM, 2017: 263-272.

[118] Zhang J-D, Chow C-Y, Li Y. LORE: exploiting sequential influence for location recommendations[C]. Proceedings of the 22nd ACM SIGSPATIAL International Conference on Advances in Geographic Information Systems. Dallas, Texas: ACM, 2014: 103-112.

[119] Zhang J-D, Chow C-Y. CoRe: Exploiting the personalized influence of two-dimensional geographic coordinates for location recommendations [J]. Information Sciences, 2015, 293: 163-181.

[120] Zhang J-D, Chow C-Y. GeoSoCa: exploiting geographical, social and categorical correlations for point-of-interest recommendations [C]. Proceedings of the 38th International ACM SIGIR Conference on Research and

Development in Information Retrieval. Santiago, Chile: ACM, 2015: 443-452.

［121］Zhang J-D, Chow C-Y. Spatiotemporal sequential influence modeling for location recommendations: a gravity-based approach ［J］. ACM Transactions on Intelligent Systems and Technology, 2015, 7(1): 11.

［122］Zhao K, Zhang Y, Yin H, et al. Discovering subsequence patterns for next POI recommendation ［C］. Proceedings of the Twenty-Ninth International Joint Conference on Artificial Intelligence Yokohama, Japan: International Joint Conference on Artificial Intelligence 2020: 3216-3222.

［123］Zhao P, Zhu H, Liu Y, et al. Where to go next: A spatio-temporal gated network for next poi recommendation ［J］. IEEE Transactions on Knowledge and Data Engineering, 2020: 1-13.

［124］Zhao S, King I, Lyu M R. Capturing geographical influence in POI recommendations ［C］. Neural Information Processing. Berlin, Heidelberg: Springer-Verlag Berlin Heidelberg, 2013: 530-537.

［125］Zhao Y-L, Nie L, Wang X, et al. Personalized recommendations of locally interesting venues to tourists via cross-region community matching ［J］. ACM Transactions on Intelligent Systems and Technology, 2014, 5(3): 50.

［126］陈占龙, 周路林, 禹文豪, 等. 顾及兴趣点潜在上下文关系的城市功能区识别 ［J］. 测绘学报, 2020, 49: 907-920.

［127］丁瑞峰. 基于深度神经网络的个性化兴趣点推荐方法研究 ［D］. 武汉: 武汉大学, 2018.

［128］高榕. 融合上下文信息的位置社交网络兴趣点推荐算法 ［D］. 武汉: 武汉大学, 2018.

［129］郭旦怀, 张鸣珂, 贾楠, 等. 融合深度学习技术的用户兴趣点推荐研究综述 ［J］. 武汉大学学报 (信息科学版), 2020, 45: 1890-1902.

[130]韩冬青,宋亚程,葛欣.集约型城市街区形态结构的认知与设计[J].建筑学报,2020: 79-85.

[131]韩珊珊.基于Flickr地理标记照片的景点提取及推荐关键技术研究[D].武汉:武汉大学,2020.

[132]黄昕,赵伟,王本友.推荐系统与深度学习[M].北京:清华大学出版社,2019.

[133]蒋研.基于协同过滤的个性化混合推荐算法及模型研究[D].南京:南京邮电大学,2020.

[134]景宁,王跃华,钟志农,等.地理社交网络位置推荐[J].国防科技大学学报,2015, 37: 1-8.

[135]李宾,周旭,梅芳,等.基于K-means和矩阵分解的位置推荐算法[J].吉林大学学报(工学版),2019, 49: 1653-1660.

[136]廖东亮.基于语义时空数据的人类移动性预测[D].合肥:中国科学技术大学,2019.

[137]刘春阳.基于时空上下文的移动对象位置预测与推荐方法研究[D].徐州:中国矿业大学,2020.

[138]刘纪平,张用川,徐胜华,等.一种顾及道路复杂度的增量路网构建方法[J].测绘学报,2019, 48: 480-488.

[139]刘同存.位置社交网络中的兴趣点推荐关键技术研究[D].北京:北京邮电大学,2019.

[140]马理博,秦小麟.话题—位置—类别感知的兴趣点推荐[J].计算机科学,2020, 47: 81-87.

[141]宁津生,吴学群,刘子尧.顾及道路通达性和时间成本的多用户位置推荐[J].武汉大学学报(信息科学版),2019, 44: 633-639.

[142]任星怡,宋美娜,宋俊德.基于位置社交网络的上下文感知的

兴趣点推荐［J］.计算机学报,2017,40:824-841.

［143］任星怡.基于社会化媒体的若干兴趣点推荐关键技术研究［D］. 北京:北京邮电大学,2017.

［144］王国霞,刘贺平.个性化推荐系统综述［J］.计算机工程与应用,2012,48:66-76.

［145］王楠.基于多种因素的POI推荐模型研究［D］.哈尔滨:黑龙江大学,2019.

［146］王洵.查全率与查准率［J］.情报科学,1983,(3):43-47.

［147］兀伟,邓国庆,武晓莉.地理格网及在统计分析中应用的探讨［J］.测绘标准化,2015,31:22-26.

［148］项亮.推荐系统实践［M］.北京:人民邮电出版社,2012.

［149］张国明,王俊淑,江南,等.关注点推荐算法的霍克斯过程法［J］.测绘学报,2018,47(9):1261-1269.

［150］张志然,刘纪平,仇阿根,等.面向大规模道路网的最短路径近似算法［J］.测绘学报,2019,48:86-94.

［151］周志华.机器学习［M］.北京:清华大学出版社,2016.

［152］朱敬华,明謇.LBSN中融合信任与不信任关系的兴趣点推荐［J］.通信学报,2018,39:157-165.